◆ 青少年做人慧语丛书 ◆

为自己升起旗帜最有成就感

◎战晓书　选编

图书在版编目（CIP）数据

为自己升起旗帜最有成就感／战晓书编．－－长春：
吉林人民出版社，2012.7
（青少年做人慧语丛书）
ISBN 978-7-206-09133-9

Ⅰ.①为… Ⅱ.①战… Ⅲ.①成功心理－青年读物②
成功心理－少年读物 Ⅳ.①B848.4-49

中国版本图书馆CIP数据核字(2012)第150852号

为自己升起旗帜最有成就感

WEI ZIJI SHENGQI QIZHI ZUIYOU CHENGJIUGAN

编　　著:战晓书
责任编辑:李　爽　　　　　　封面设计:七　洱
吉林人民出版社出版 发行(长春市人民大街7548号　邮政编码:130022)
印　　刷:北京市一鑫印务有限公司
开　　本:670mm×950mm　　1/16
印　　张:12.5　　　　　　字　　数:150千字
标准书号:978-7-206-09133-9
版　　次:2012年7月第1版　　印　　次:2023年6月第3次印刷
定　　价:45.00元

目　录
CONTENTS

希　望

　　几年前，美国计划在缅因州的一个山谷里建一个水电站大坝。镇上的居民都要搬迁，整个镇将被水淹没。

　　从最初决定到建起大坝这段时间里，一度繁华美丽的小镇，已变得破烂不堪。为什么会变成这样子呢？

　　一个居民解释道："对未来不抱希望。"

　　对未来没有了希望，自然也就丧失了信心与热情。于是，不难想见，街道破了，没有人想去补一补；房屋旧了，没有人愿去修一修；花木倒了，也没有人会去扶一扶……

　　于是，原本美丽而繁华的小镇一天天颓败了。

　　一个镇是这样，一个人也是这样。

　　没有希望，则生无渴求；生无渴求，则生不如死。多少原本虎虎生气的有为之士，变得颓唐潦倒，自暴自弃，不就是因为他突然觉得活着没了希望，人生失去了信心吗？而一旦不怀希望，丧失信心，精神便会遭到愤世和悲观的冰霜的镇压，活着，便只剩下了一具没有灵气的躯壳。

　　我们每天面对着的生活，往往平凡而又琐碎，单调而又重复；而漫漫人生路，并非铺满鲜花与锦绣，反而常常宛若在海洋上航行，难免时时遇上暴风骤雨，碰上惊涛骇浪，有时甚至还会面临灭顶之灾。而让我们对这样平凡的生活充满乐趣，对迎面而来的艰难困苦，镇定自若战而胜之的秘密是什么？不就是因为我们怀抱着希望，继而坚定着信念，旺盛着斗志吗？

　　人生在世，充满着苦累，也充满着美丽。而这美丽，正在于人人怀抱着希望，尽管这希望，有时是多么渺小——小时候，渴盼着一颗糖果，一件新衣，一只书包，一点压岁钱，甚至只是希望着"长大"；长大了，盼望着别后能重逢，无助时有安慰，罪恶有报应，人生有轮回……希望，让生活的每一片叶子，都闪烁着奇异的光彩。

　　所以，我总想，只要我们永怀希望，那么，我们短暂的人生就会变得丰富而充实。看到绿洲，应该想到花开，看到花开，应当去赢得秋实。种下希望，才能让我们即使是在晦暗的日子里也能看到阳光灿烂的微笑，遇到所有的挑战都能坚定地站立着，直至战而胜之。

　　希望，就像是春草，总要生长在明年的山坡上。

（吴勇敢）

心情明月

这是充实而快乐的感觉，这是心底的善积累的光。

动物、植物、微生物……我们彼此照耀；鸟兽、花草、尘埃……我们相互依存。我们各自打开内心的门窗，点燃身上的脂肪，点燃脉管中的血，点燃自己。然后用心中的烛火，用心灵的圣光，去反射你的火、你的光、你的善、你的温暖……如此，反射得越多，交流得就越多，心中就越温暖、越光亮。

反之，你以恶去对恶，你以血雨腥风去扑灭血雨腥风，最终只能是互相把心中仅存的善良扑灭，把仅存的烛火扑灭。那时，除了剩下湿淋淋的几根柴棍躺在沉沉的夜色中之外，你将一无所获，你将独自忍受孤单寂寞所带来的莫名的痛苦和折磨。

还是点燃心中的烛火、去映照别人的烛火吧，你就能通体透明、身怀明月——虚怀若谷，澄明纯净。正如友谊是用心灵捍卫的；而不是用时间来浇灌；正如生命在于质量，而不在于道路的短长。

某天早晨，当你从又一夜的睡梦中醒来，你会忽然发觉，自己那天从楼顶救下来的人，原来就是自己。

这时，你已是个身怀明月、通体透彻的人了。

（叶华荫）

为喜欢而活着

　　张信哲还在读大二的时候，就已经因歌声而小有名气了。那时的他整天痴痴迷迷地揣摩着演唱技巧，拼命地练唱功，写歌词，研究音乐教材，提高音乐修养。相比之下，反而对自己的专业付出甚少。有一天，李宗盛找到他，问道："你缘何对音乐如此情有独钟？"张信哲对这一问题颇不以为然地脱口而出："因为我喜欢。"正是这句话，促使了李宗盛对张信哲的信心，加速了他们的合作与张信哲的成名。

　　原来，喜欢竟然是成功的阶梯和内在动力。

　　美国一位著名的教育家说过："你可以把一匹马领到河边，却不能让它喝水。"学习也是如此，老师的作用只不过是把你领到一桌丰盛的宴席前，告诉你这桌菜营养丰富，如何去吃，吃与不吃，吃多吃少，最终还要看学生的爱好与喜欢了。有一次记者问爱因斯坦"你的成功是否是因为你的天赋"时，爱因斯坦风趣地说："有天赋的人很多，而成功与否关键看你对从事的事业的热爱与勤奋。"热爱者，喜欢的另一种表达而已。

喜欢，也是幸福的源泉。

有这么一个故事：两个老朋友在公园里散步，一个是州长，一个是亿万富翁。州长向老朋友抱怨说他被政务搅得心烦意乱，经常失眠，并慨叹当初要是他当作家的理想不被生活改变，该有多好。而亿万富翁则向老朋友诉说金钱使他失去了自由，并对当年一个人坐在海边看潮涨潮落的惬意念念不忘。这时他们看到大哲学家罗尔带着孙女在草地上放风筝的愉快场景，异口同声道："他们真幸福！"于是，州长和亿万富翁走上前求教罗尔："幸福是如何获得的？"罗尔看了看他们说："做你喜欢做的事！"说完，又放起了他的风筝。

你可能贫穷也可能富有，你可能平凡也可能伟大，你可能失败也可能成功，而所有这些都不是幸福的真正源泉。换句话说，只要你所做的是你所喜欢的，你就会全身心地投入，你就全体悟到其中的乐趣，从而不仅会使你走向成功，还会使你获得幸福。

人生苦短，来去匆匆，我们要想在短暂的生命之旅中有意义地存活，就必须淡泊名利，忘却世俗，脚踏实地地去做你喜欢做的事，为喜欢而活着。

（顾巍）

尊　严

尊严是发自心灵的光华，她照亮人生的旅程。有了尊严，人生中就有了一份亮丽和丰盈。

尊严是上帝赋予的丰厚的天机，是人类与生俱来的本性。她扎根于人的心灵，被自信所浇灌，为智慧所滋润，受着整个人类文明的哺育，折射出民族精神的灵光。

尊严是崇高的人的精神，她是一种风度，是一种神圣，也是一种豪情。

有尊严的人不摇尾乞怜，有尊严的人不妄自菲薄。

有尊严的人能够勇敢地说"不"，他为心灵而活，绝不违背自己的意愿和良心。

有尊严的人在困境中不堕落，他永远看到希望而奋进不辍。

有尊严的人有血性，他能为了人格的不污而奋勇斗争。

有尊严的人有信仰，他可以为理想死去而无怨无悔。

尊严是一种正气！

尊严是一把神剑，她斩去所有虚荣！

尊严是一种无与伦比的美丽，有了她，无论走上什么样的旅程，你都可以用自信的臂膀满怀热情地拥抱人生。

尊严是人生的无价之宝，她使你力量更大、自信更高、心灵更亮。

（刘同文）

穿越人生的绝境

　　这个故事发生在1943年5月的一天，美国海军的一艘运输舰正在南太平洋所罗门群岛附近行驶，被日机击中。在混乱中，杰伊和幸存的几个士兵爬上了一个救生艇，狂涛掀翻了这只艇，于是杰伊凭着顽强的毅力与海浪搏斗，在黑暗中泅渡了很久，才摸索着游到了一个无人的小岛上。这是一个没有船只经过的无名岛。但他始终抱着一个希望，一是会有人救他的，他一定能与妻子和儿子团聚。他天天盼望着，几年过去，除了曾见过一两架不明国籍的飞机远远地掠过天边；再没有见过任何人类的痕迹。在最绝望之时，他就不停地鼓励自己总会有人来的。而那时他只有一把军刀，一个打火机，一个装着地图、一面美国国旗、一张和妻儿的合影的盒子。他一个人在艰难中孤独地度过了57年。在2000年5月下旬的一天，一群来自巴布亚新几内亚的探险者把这个孤独的老人救出了小岛。

　　这位二战老兵孤岛求生的故事，使我深有感触。他在我的心里，照亮过许多遇挫或幽暗的日子。我佩服这个老兵，在漫漫无尽的57年里，过着苦囚般的生活。尽管时光流逝，而在他心里却有一个永存的希望。他说他是靠那面国旗和相片而生活下来的，那是他活着的唯一希望。是啊，是这希望的烛光，照亮了他心灵的恐惧和黑暗。一个人即使一无所有，或是身陷绝境，都未必能毁灭掉他。但最可怕的是熄灭了心中那盏希望的灯，"哀莫大于心死"。一个人一旦深处无望，便会无声无息地自毙倒下。

在人生的每一天，我们都要为这艰辛之旅付出各种代价。特别是当你面临险境，在生命的灾难面前，没有阳光，没有资助与慰藉，这时你靠什么走出困境呢？你所能依靠的只有你自己。即使生机了无，希望如豆。然而这希望仍然是那寒夜里的星光，引导你穿越这人生绝境。生命的际遇之于我们，的确如此。每天，你的心里最明亮的欢笑，就是你生命里的烛光，这种内心积聚的光焰，就是一种因希望而在的力量。

这便是希望的力量，这便是一个绝境求生的人的唯一信念，总有那么一天，会穿越那段最黑暗的人生隧道，看到阳光。事实上，并不是因为一丝希望便使我们无坚不摧，最重要的是，这一丝尚有的希望之光，鼓励着我们，一天一天，一年一年，在幽暗中，慢慢忍耐，慢慢等待……

（高林瑜）

留心自己

人生在世，既要"阅尽人间脸色"，又要察言观色在"颐指气使"中活着，活得真累。

我们过多的是留心身边人身边事，以他人作为参照物，作为效仿榜样，作为进取目标；以至忘了自己的诸多长处与益处，忘了足以使自己鹤立鸡群、超然卓著的地方，而失去了完善自我、进一步成为别人师表的一次次更新机遇，最终被别人淹没了自己，被别人吞噬了自己，被别人的影子遮盖了自己，使自己莫名其妙、委曲求全地一直生活在、困扰在一个不足的、不及别人的惶惑之中。这是怎样的令人沮丧！这样，人不活得不累才怪呢！

所以，我们说：与其留心别人，不如留心自己。

人时刻面临着考验。实际上，最重要的考验，是你对自己的揣度。考验你对自己潜能的把握、理想的树立、蓝图的设计、进程的支配、精神的提纯和障碍的超越。只要你留心，没有过不去的难关。

人何以会摔跌、会毁灭自己、会走向深渊？普遍的答案是"对自己不负责"。这种不负责主要是人常处在何去何从，往左一寸成为劳动模范、往右一寸成为劳动教养犯的"十字路口"。而像常人一样去追名逐利，结果忘记了留心自己心灵中正在勃发的贪婪、肌体中正在膨胀的癌症，而最终被"像别人一样富甲天下，像别人一样称王称霸"的贪婪所击倒。留心自己、发现自己、开发自己直至超越自己的灵丹妙药。

他人身上的种种"磁性"与"光环"，时常对我们是一种干扰，把心思都用到别人身上去了，为别人的一声叫好、一丝怜悯、一记掌声、一份权力、一次交易、一点施舍而活着，人生路程位置只能被他人所挤占。罗曼·罗兰说，唯独人生，只有去程票，没有返程票。这一票，你在意别人了，你只能在别人的胳肢窝下或者被别人用车拉着去完成"去程"，那样，领略征程风光的、摘标的、到达端点的，只会首先是他人，所以，留心自己意味着对人生征程负责，对人生目标和人生意义负责。

有道是：走自己的路，让别人去说吧！但"走"需要留心自己，才能产生"自己的路"。峻青说过：人生的道路虽然漫长，但关键的只有几步。你不留心自己，怎么能发现这需要"走"的几步，并努力竭尽全力去"走"好这几步呢？可是，"留心"是一种选择、一种自强、一种争取、一种思考。这种"留心"贯穿在生命的整个历程。那么，怎样去"留心"呢？雷锋的一段话对我们很有启发："如果你是一滴水，你是否滋润了一寸土地？如果你是一粒粮食，你是否哺育了有用的生命？你既然活着，你又是否为未来的人类生活付出了你的劳动，使世界一天天变得更美好？"可见，最令人"留心"的应当是自己生命的能量和自己对社会的用处，而不是留心人们现今普遍追求的"自己是否令人喜欢""自己投机取巧是否成功""自己付出与得到的百分比"等。这不是高尚的"留心"，而是猥琐地拘束自己、捆绑自己和糟蹋自己，是在为自己套上一个心灵的枷锁。每个人来到世间，都负有一定的社会使命，"用心"一些，留心自己的力量和智慧，把这使命完成得体面些便是作为一个"人"的全部意义。自己的心灵对自己敞开得最透彻，自己的心灵对自己的所有权拥占得最充分。留心自己远比留意别人要更有自主性、完整性和冲击性，与其熬神费心地将别人当作航标，还不如自己全身心地去正志、正念、正言、正行，投入火热的生活，在人格锤炼、心灵净化、自我完善中融会"天地之心"，独树一帜，在奋进的征程上，把自己熔铸成个令社会放心的"精神活体"！

心灵的路，脚下的路都是"痴心不改"的，自己铺就的。虽然，"社会的人"已穿过了漫长的时间隧道，损失了一代又一代未曾"留心自我"的自己，但是，历史演进到"思想大爆炸"的今天，已经顿悟和觉醒的人类已不是仅仅满足于做附庸和做精神的奴仆了，明天，每个人或许都会在"留心"中开掘出一片心灵的金光大道！

（孔章圣）

做生活的徒步旅行者

　　在精神上我觉得自己像个徒步旅行者。怀揣着一张理想主义的地图,我就是路了。在我主观主义的地图上,这条世界上无人知晓的路线是以我来命名的。我有时抽象地把它指代为零号公路。

　　我曾经在江苏、湖北生活过,最近这几年又混迹于晨钟暮鼓的京城,虽然也利用探亲或出差的机会跑过远远近近一些省份,但热衷程度一点儿不像遇到公园就买门票的观光客。应该说,我仅仅追求那份出发的激动与抵达的欣慰。

　　在目前这个注重物质排斥精神、追求享受忽略创造的时代,像徒步旅行者一样对待生活的人越来越少了。一方面是他们对风餐露宿怀有畏惧,更多的原因是他们未曾体会过披星戴月投奔远处灯火稀疏的村落时那份急迫的遐想所渲染的脉脉温情,幸福就在那里,仿佛一指之遥,但要把那永恒的诱惑兑现为事实却需要投入一整夜甚至一生的艰难竞走。

　　对于生活,我是徒步旅行者。这世界上任何人为的站牌或地名对于我都将失去意义。

我生命中确实有这么一张历尽沧桑的地图，上面圈圈点点，注明心灵逗留过的驿站，它的名字叫记忆。啊，我行吟的梦想，我堂·吉诃德式的诚挚，我被雨水沤烂的鞋垫，我折一根树枝做成的手杖，我吟罢随风而逝的游记，我象形文字般的脚印，还有上路前踩熄的夜宿的火堆，还有啄食过我面包屑一如接受了我的施舍的那些没有家的鸟，我如影随形的抽象的零号公路哟，扩张着我生命的内容和势力范围。

　　我可能把一生都当作一项规模宏大的工程了。只有我才是真正富足的。即使举步维艰地穿行在世俗生活中的繁华公路上，即使兜里只有仅够买得起车票的钱，我仍然不愿放弃沉重而选择轻松，我告诉世界：我是徒步旅行者，两只坚韧的脚板，是人类最原始的也是我唯一信仰的交通工具。我用一生的时间来赶上你们——我是徒步旅行者，在任何时候我都必须忠实于自己的身份！

　　如果你富有，就做一个徒步旅行者吧，你会发现世界上居然有金钱所无法兑换给你的那种为坚强者免费提供的特殊的幸福、特殊的胜利……

（洪烛）

微笑的力量

微笑构筑和平，微笑导致理解，微笑净化心灵，微笑激励斗志。微笑的人生，是乐观的人生，是顽强的人生，是将风暴雷电墨云纷纷赶跑、于翻滚俯冲间破云而出的太阳的壮姿，是阳光在脸颊上绽开青翠欲滴的和春。

关于微笑的话题太多太多，关于微笑的故事也太多太多。很小的时候，我便知道一个故事。

一位漂亮活泼的美国少女，在一场突发事故中烧伤了右脸。由于神经受损，她的右脸除了不忍目睹，且永不再有任何表情。少女的父母对责任者提出了上诉。法庭上，律师先让少女将烧坏的右脸对着陪审团，陪审席上的专员们个个都面露同情和惋惜状。律师接着让少女把完好的左脸转向他们。她的左脸上挂着动人无比的微笑。左右反差之大，令人心惊。很快，陪审团就一致裁定肇事方败诉，并立即支付伤者大额赔偿金。从而，第一次在法庭上确定了微笑的价值。

近日读报，看到一则颇令人回味的故事。在西班牙内战时，一位国际纵队的普通军官不幸被俘，被投进了森冷的单间监牢。即将被处死的前夜，军官搜遍全身竟发现半截皱巴巴的香烟。军官想吸上几口，缓解临死前的恐惧，可他没有火柴。再三请求之下，铁窗外那个木偶似的士兵总算毫无表情地掏出火柴，划着火。当四目相撞时，军官不由得向士兵送上了一丝微笑。令人惊奇的是，那士兵在几秒钟的发愣后，嘴角不太自然地上翘，最后竟也露出了微笑。后来两人开始了交谈，谈到了各自的故乡，谈到了各自的妻子和孩子，甚至还相互传看了珍藏的与家人的合影。当曙色渐明军官苦泪纵横时，那士兵竟然悄悄地放走了他。微笑，沟通了两颗心灵，挽救了一条生命。

微笑可以胜出官司，微笑可以挽救生命，微笑可以创造种种奇迹，可见微笑的力量真的是举足轻重、不容忽视。有人甚至认为，忘记微笑是一种严重的生命疾患。一个不会微笑的人可能拥有名誉、地位和金钱，却不一定会有内心的宁静和真正的幸福，他的生命中必有隐蔽的遗憾。那么，对于丧失了微笑心绪的人，应该赶紧把心底的温柔、顾眷、自惜、自信丝丝缕缕地拣拾回来，拓宽脚臆，重构自己灵魂的免疫系统。只有微笑，才能使我们享受到生命底蕴的醇味，超越悲欢。再多的变故、再多的失落、再多的背叛、再多的疑惑、再多的烦恼、再多的辛酸，只要心中有微笑，我们就能穿过世事的云烟，沉着应变，努力耕耘，提升认知，强健心弦，迎向幸福的彼岸。

（段代洪）

快乐的本源

　　那是一个酷热的夏日黄昏。我下班途中遇到一截坡路，便下了自行车吃力地推着前行。我注意到前方有很笨重的东西在一点一点地移动，近了才看清——那是一个三口之家，男人粗矮，牛一般负着辆破旧而硕大的板车朝坡上拉。板车内杂陈着货柜、炉子、铅桶、炊具、碗碟之类的物什，满满的，叮咣叮咣响个不停。脏兮兮的女人和小孩坐在脏兮兮的板车中，但这一切，并不影响女人，她旁若无人而又自得其乐地一会儿啃两口西瓜，一会儿嗑几粒葵花子儿，一会儿又哼两句小曲儿。小孩也自顾拨弄那些叮咣作响的物什。男人在前头绷着劲、流着汗，却是那么的心甘情愿。

　　我想他们一定是在附近哪条街上做小本经营的，那移动的板车便是一家三口多半的家当吧。我正寻思着，却被一阵"嘣嘣嘣"的声音和随之而来的毫无遮掩的大笑所打断。弄不清是男人脚底滑了一下还是由于埋头疯玩的小子不慎碰撞，板车上好些东西竟跌下来，顺着陡坡骨碌碌往下滚，滚得很生动，也很滑稽。首先是女人愣了一愣，瞅一眼男人，又瞅一眼儿子，竟放嗓大笑起来，儿子跟着咯咯咯地笑起来。男人看一眼就要上完的陡坡，也忍不住憨笑起来。一家全然不顾身旁那些豪华的高楼、穿梭的小车和过往的衣着时髦的匆匆路人。

　　我突然有一种很深的感动充盈内心。我竟很强烈地羡慕起这血色黄昏中的三口之家。原来快乐是那么简单的，哪怕穷困潦倒成那样，却丝毫不妨碍快乐的造访。当我们大多数都市人为着物质与名利，高度紧张地拼命和争斗的时候，可否静下来，远离那陀螺式的生活，细细思索一番快乐的本源呢？

（段代洪）

眼睛朝前看

有一回，是很偶然的一回，在电视上看见记者在采访一位年轻的自行车赛冠军。记者问他屡败屡战终获成功的感想时，他沉思了一会，然后微笑着回答说："眼睛朝前看。"

那位冠军其貌不扬，无论是身材，还是体格，都不见得比别的赛手强，实事求是地讲，甚至可能还要逊色得多。他能获得冠军，委实出人意料。不过，等他这话一出口，便无端地觉得他能独占鳌头完全是合情合理的。不是吗？懂得眼睛朝前看难道是人人都可以做到的吗？眼睛朝前看是一种境界，一种风范呀。这样的人难道还不具备获得冠军的资格吗？

眼睛朝前看，心中就有了目标，就有了前进的方向和动力。这样，纵然坎坷走遍，也必能坚韧不拔，一往无前。

眼睛朝前看，就自然不满足于现状，不甘心无所事事。这样，此时的成功永远是下一个成功的起点，失败则是盛开成功之花的沃土。

眼睛朝前看，才能开阔心胸、能容纳、能宽恕，才不会斤斤计较眼前的得失胜负，才能把忧郁和哀怨扎成快乐的花朵，装扮一个个鲜活的日子。

人生并不像有些人想的那么复杂，一双眼睛忙碌地左顾右盼、见风使舵。其实，简单得很，眼睛朝前看，生活就充实了，就够了。

（曹应东）

每个人都应为自己的心灵埋单

2009年9月10日，是第七个世界预防自杀日，今年的主题是"社会文化因素与自杀预防"。调查显示，在自杀的人群中，有超过60%的是抑郁症患者。抑郁症，这种没有病毒的心理疾病已经严重影响了当代人的生存状况。可是，患了这种病又很难医治，因为每个人都是一个独立的生命个体，你不可能知道别人的心理，每个人的冷暖只能自知。

就在世界预防自杀日这天，我接到一个女孩子的电话。她是名牌大学毕业，现在在一家外企工作，有房有车，生活很是富裕。但她两年前患了抑郁症。在以后的生活里，一直就在忍受痛苦和放弃生命的矛盾中挣扎着，曾经的梦想夏花一般绽开又泯灭。发病的时候，莫名其妙的沮丧、孤独、脆弱、厌食、浑身无力、失眠，全身不适甚至皮肤过敏，折磨得她与死无异。

她说她现在很难受，简直生不如死，她一直在寻找拯救自己的办法，可没有途径。她问我办法，我也无法解答。

之前，我曾接触过一些心理疾病患者，对这个人群的痛苦和难言之隐有深入了解。近年来社会对心理健康的关注，比之以前有了很大进步。关于抑郁症患者的痛苦，包括抑郁症患者的自杀，也能在媒体上看到报道。相信每一起自杀事件背后都会有一个悲情故事。

在我们小区就有一个抑郁症自杀者，是一位老人，她生活境况相当不错，子女工作虽说很忙，但都孝顺。不但每月另给生活费，还准备请专人照顾。岂料保姆还未开始"上班"，倍感孤独的老人竟先走了。听她的邻居说，老人几年前就患上了抑郁症，时轻时重。但谁也没想到她会走上这一步。

每每听到这样的消息，我心里都很难过，我想他们在选择自杀之前，一定有难以言说的痛苦，这痛苦是别人所不能体会的。他们孤独，他们无助，他们的精神几近崩溃。有时他们鼓起勇气把自己的痛苦说给别人听，却又遭到"这是无病呻吟"的嘲讽。在这种社会氛围中，患者既得不到及时有效的治疗，也得不到亲友的关爱和照料。许多家庭还因此产生矛盾，夫妻失和，子女与父母对立，患者深陷抑郁与焦虑中难以自拔，找不到出路。

我想对他们说的是，一旦觉得自己抑郁了，就要勇敢地面对，不要过分敏感，不要在乎别人的眼光，要敢于去医院，相信医生能帮助你。精神有病与身体有病是一样的，根本用不着自卑。不必讳疾忌医，要理直气壮地求医看病。

社会是一个大舞台，每个人都生活得十分不易。张国荣几年前自杀，在华人圈内引起极大震惊。许多人不解，觉得像他那样的明星，通过多年的努力和奋斗获得了世间人们羡慕和追捧的一切——财富、荣耀、地位，为什么却义无反顾地选择了放弃？没有人了解他从高处跃下时的心理，或许在痛苦中也伴有一丝解脱的快感。

其实在坚强的外壳下，人的内心是极其脆弱的，经不起太多的风吹雨打。人与人之间就像在夜晚手牵手行走，你可以触摸到他的身体，却看不到他的脸，更看不到他的内心。酸甜苦辣只能自知，所以我们在呼唤社会多些宽容和关爱的同时，更应该让自己坚强起来，每个人都应该为自己的心灵埋单。

（柯云路）

汉字给了我们尊严

我们的文化基因构成了我们文化的绚烂。我们的基因是什么呢？就是我们的汉字。

当我们的先人在龟甲上刻上第一个字时，没想到它能够跨越数千年，将信息传达至今日。我们幸福哇！能与祖先沟通。一个美国汉学家对我说："你们中国人太幸运了，能看懂几千年前的文章，而英文却不能。"原因是：我们的汉字是表意的，英文是表音的。人类的声音一直在改变，人类的情绪一直在延续。

比如我们常说的"智者乐水，仁者乐山"出自《论语》。"皮之不存，毛将焉附"出自《左传》。"修学好古，实事求是"出自《汉书》。至于出自《诗经》的"关关雎鸠，在河之洲。窈窕淑女，君子好逑"，今天读来依旧亲切。古人的智慧，通过文字的积累，铸成丰碑。

我们的文化给我们曾经带来过什么呢？自汉代起，唐、宋、元、明、清，我们的祖国曾数次成为世界最强国，为世界文明进程作出了巨大贡献。凡是那时来过中国的外国人，都惊叹中国的文明程度，意大利人马可波罗盛赞那时的中国繁盛昌明、工商业发达、城市繁华热闹，马可波罗写下的游记，使每一个西方人都对中国无限神往。

可是，19世纪以来，这长达150年的痛楚，中国人不堪回首哇！我们曾错误地将挨打的局面归咎于文化的厚重，似乎中国人已背负不起。错误地将自己的文化视为落后，使中国人付出了沉痛的代价。我们一直在寻找新的出路，一百多年过去了，蓦然回首，发现出路仍是我们的文化。

我们今天可以自豪地说：我们的灿烂文化，浩瀚无际，取之不尽，用之不竭。今天的中国人，重新接受并享受这迟来的愉悦，重新把自己的文化置放在一个新的高度，这是一个人，一个民族，一个国家成熟的体现。

我们今天已清晰地看到，文化的创造力，文化的软实力。汉字的基因构成了我们灿烂的文化，灿烂的文化为我们带来了生活的乐趣。传统文化为中国人民创造财富的同时，教育了国人怎样去尊重文化，善待文化。文化的魅力不仅仅是带给我们感官的愉悦，更重要的是带给了每一个中国人内心的尊严。

（马未都）

努力不够是因为痛不够

当她决定推销墓地时，几乎家里所有的人都反对，因为卖墓地是一份不吉祥的工作，很晦气，被人看不起。

但是，她不管，她觉得，人既然那么看重活着时的暂时住所，那么就更应该重视百年后的永恒之家，为什么要看低帮自己推荐永恒之家的卖墓人？

她怀激情上路，可谁想，一切都远出乎她的意料，她曾无数次跟了多个"目标客户"好几条街，游说他们为自己或者家人买一块墓地，可是得到的却是对方的怒斥。

后来，她又跑到干休所里去推销，希望里面的老人能从自身的实际出发，选择好一块人生的"后花园"，可是，还没等她把话说完，就被几个老头老太太联手用扫帚狠狠地打了出来。

直攻不行，只能智取，几天后，她又带着两个同事装成"青年志愿者"去干休所帮老人们打扫卫生，可从早上一直干到下午两点多，才有一个老奶奶给他们送来了三个苹果和一杯水，推销的事则更是无从说起。

就这样，大半年下来，她遇见的全是一张张冷漠的面孔，别说卖出墓地，就连一个有意向买的电话也没接到过。

于是她决定改变方法，开始每天骑着一辆自行车，早上四五点钟就从家里出发，然后骑遍昆明的各个公园和健身广场，硬着头皮向晨练的老人推销。晚上则守在人家的门口，一直等他们回家吃过晚饭后，再敲门，说明目的……就这样，不到一年的时间，她整整骑烂了4辆自行车。

这期间，有一天晚上十点多，她在回去的途中，连人带车被一辆违规的公交车撞倒在地，当司机下来时，她已经浑身是血。面对冷漠的司机，极度虚弱的她有气无力地说道："你可以不送我去医院，但是你一定要向我道歉。"此时，好多人围观了上来，人群中突然有一个老大妈大声叫起来了："我认识她，她是推销死人墓地的。"话音刚落，围观的人"呜"的一声像躲瘟神一般四下散去。

那天，司机没有向她道歉，她一个人推着自行车，一瘸一拐地朝回走。也就是从那时起，她便开始发誓："以后在销售墓地的路上，自己一定要活出个人样来，有一天，自己一定要有一辆四个轮子带着铁皮的东西。"

之后，她常常自己掏钱，带一些老人们外出游玩，悉心照顾他们，不谈生意，只谈感情，从而慢慢赢得老人们的好感和信任，终于有了第一笔订单。

她的坚持有了结果，果然如她当初的誓言：第二年，她便有了属于自己的房子，虽然面积只有60几平方米；第三年，她有了一辆属于自己的车，虽然也并不是什么名车；第四年，她成了老板，有了自己的第一个墓地销售店面；第五年，她有了属于自己的第二个店面……

如今，她已经是身价千万的老总，被业内誉为"墓地皇后"。她说，当所有的人都倒下了，哪怕你是跪着，也是胜利者。她说，如果你努力不够，那说明你痛得不够。

（徐立新）

海豚的忠告

　　云雀在大海上空飞累了，落在海中的一块礁石上休息。一条银白色的带鱼抬头看了一眼云雀，说："你能够在蓝天白云间自由飞翔，俯视无数美景。我真羡慕你！"

　　云雀摇摇头，说："天有不测风云，一旦暴风雨突然袭来，处境就十分危险。即使在阳光明媚的时候，我也丝毫不能放松警惕，因为凶猛的老鹰随时都会发起突然袭击。"

　　带鱼说："不管怎样，在天空中生活总比在海洋中生活好。"

　　云雀对带鱼说："我早就听说海洋是一个童话般美妙的世界，有漂亮的珊瑚礁、海藻，还有各种美丽可爱的鱼儿。你生活在多么美好的环境中，多么舒畅快乐。我真羡慕你！"

　　带鱼一边摆动长长的身体，一边说："海洋是一个不平静的世界，危机四伏，凶恶的鲨鱼随时都会发起攻击，真是提心吊胆过日子！"

　　云雀说："我还是觉得在海洋中生活比在天空中生活好得多。"

　　海豚听了云雀和带鱼的对话，游了过来，说："你们的话我都听到了，给你们一个忠告：不要羡慕别人，你所拥有的，正是别人羡慕的，要珍爱自己所拥有的一切。羡慕和埋怨都毫无意义，应该坦然面对自己的生活。"

（钱欣葆）

青春没有死胡同

谁会对青春有更多的感悟呢？

青春正好的人似乎还没有一日三省吾身的必要，那些过了青春、回首峥嵘的人才会有切肤之感吧。

少年奔跑如风，将春天过成夏天，天地光影锦绣，万物任其挥洒，对嵯峨的阻挡他们似乎也能穿墙而过，被时光宠得令国王羞愧，令富翁自惭：对于他们来说，青春里有小碰壁、小伤口，而没有死胡同、膏肓之病，他们行动多过感悟，梦想多过坎坷，别人的教训只是别人的，自己的道路才是自己的。

谁能够对奔跑着的人指手画脚呢？

有人说小心、小心，前面有陷阱和死胡同，他也确实看到了太多在陷阱里不能自拔的人，在死胡同里屡屡碰壁的人，但他忘记了世上还有一种人，长着隐形的翅膀，驾驭长风，身披阳光，可以直接飞跃陷阱和死胡同。

这就是拥有青春秘密和力量的人，他在奔跑就是在准备飞跃，我们不能因为某地的陷阱和他处的死胡同而阻止他，如果我们不能给他力量和速度，就给他信任和祝福，让他来势凶猛地一路狂奔，在他义无反顾地摔倒又爬起的时候鼓掌喝彩。经历过青春的人，应对青葱岁月里的怀疑、挫折、彷徨和无助更多体恤，对那些躁动不安、年轻气盛、标新立异和惊世骇俗更多宽容。青春少年想要的无非是属于自己的精彩和骄傲，我们只需要笃守青春的秘密，爱护恣意的狂想。在勇敢豪迈的青春面前，陷阱无非小酒窝，死胡同无非虚掩的门，所以，我们与其偏执地阻止他，不如耐心地等待他，等待他越跑越快，一声长啸，终于像大鹏一样飞了起来。

谁能够忍心对渴望飞翔的人说前面就是死胡同呢？

许多人活在谎言里，也迷失在谎言里。在死了的心面前，虚掩的门也是死胡同。现在的青春在许多方面都比历史上的青春残酷和伤痛，更多少年虽然能够轻易地触摸到更多扇门，但有人会无情无义地将其一一锁上，然后告诉他们这是死胡同，在无耻的谎言里倚老卖老，并伪善地拍着少年的肩膀说：年轻不是借口。

你不要被谎言的病毒所感染，即便你身处一个洞穴之中，身处一个洞穴之底，身处几乎完全的孤独之中，这时，你会发现，你还拥有无坚不摧的春春力量，青春会拯救你。有人做了一层密不透风的茧，然后请你步入谎言，步入黑暗，步入痛苦。即便这样，你也要学那蚕，雪白而勇敢地活着，勇敢地歌颂每一个清晨，在黑暗和痛苦中也不忘拉长自己的生命，强大自己的意志。在新生的那一刻，你破茧而出，蝶舞惊艳，关于死胡同的谎言被攻破，你在黎明时分赢得了自由和尊严。

　　谁还会对有了脊椎、有了思想、有了人格、懂得保全自己的少年笨拙地说谎呢？

　　那些不惧怕痛苦的少年，一边奔跑，一边播种，一边生长翅膀，当他振翅飞跃时，他看到了繁盛美艳的花园豁然洞开，他的手掌不知不觉握紧了人生的许多密码，他连绵亘的迷宫都不再害怕，还怕谎言中的死胡同吗？

　　青春没有死胡同，它勇往直前，直到抵达属于自己的罗马城。

（孙君飞）

那方随风飘动的窗帘

朋友的舅舅在上海嘉定有两家服装工厂，资产逾千万，可以算得上是成功人士。舅舅本打算等儿子大学一毕业就把事业交与儿子打理，可谁知去年感到身体异常，一检查竟是肝癌晚期。短短几个月病情便江河日下，等到找到匹配的肝源时，却被告知他的身体状况已经不适合肝移植。悲痛万分的家人在无奈下选择了不移植，这样至少能维持舅舅半年的生命。

朋友说，每次探望时，看到曾经意气风发、风度翩然的舅舅形如槁木，她就痛彻心扉、心如刀绞。

面对她的伤痛，我知道许多话都是苍白的。我只说了一句话，我说：生活不是完满和理想的，更多的时候是残缺的。

是的，生活是不完满的。就像刚买车那会儿，我感觉实际使用的各项指标与资料所标示的有所出入，便与商家交涉。商家的回答是，资料上所有的数据都是基于"理想"的路况。可是我们的行车路况都是"理想"的吗？当然不是，坡度、坎坷、坑洼……无数的变数、无数的未知，不可能有永远的理想、永远的完满。

现在是夏日芳菲的季节，所有的枝丫都欣欣向荣地张开，所有的花都将自己的美发挥到极致，然后，一片一片地凋零。这凋零里面有诗、有歌、有乐，这一季的落英承载着下一季的盛开。那天看到一阵风拂过，满树满树的紫藤花纷坠如雨。凝视着那一场纷纷扬扬的紫藤雨，不禁觉得生命的逝去原来也是一种壮美。

世界的确是残缺的，战争、灾难、疾病、不幸、痛苦……一场突如其来的灾难，就可以让无数的生命消弭无痕。可以说，没有一个人的生活是完全幸福的。人生是一袭华美的袍子，但是爬满了虱子，离不开大大小小咬啮的烦恼和伤痛。

生活，其实就是一杯白开水。杯中的水无色无味，清澈透明，于每个人都是一样的，不一样的是看你往这杯清水里加入什么东西。你可以让它变甜，可以让它变咸、变苦，或者变成其他味道。这就是每个人对自己生活的理解和诠释。

诗人说：你应当赞美这残缺的世界，想想六月漫长的白天，还有野草莓、红葡萄酒。想想我们相聚的时刻，在一个白房间里，窗帘随风飘动。回忆那场音乐会，音乐流淌，树叶在大地的伤口上旋转，还有那游离消失又重返的柔光。

是的，当沮丧时，想想那方随风飘动的窗帘吧。素淡雅致，摸一摸，那柔软贴心的质地，会让我们将内心的泪痕化成微笑。

（纳兰泽芸）

一季花开永世芳

　　1932年秋天的杭州城，桂香比往年更浓郁，风乍起，漫天桂雨，金黄的，银白的，似一群精灵在舞蹈，钱塘秋色，总让人沉醉低回。之江大学文学系新生宋清如，带着梦想成真的欢喜和对未来的美好向往，沉浸在无边无际的香风馥雨里。学校诗社迎新晚会上，喜爱写诗的宋清如，与四年级学兄、才子朱生豪，相遇了。

　　常熟虞山的钟灵毓秀造就了宋清如聪颖秀丽、清新脱俗，又特立独行的气质，让她与众不同，生在"女子无才便是德"的年代，她却懂得读书是个"好东西"，十一岁时，她就向母亲提出：不要嫁妆要读书。

　　之江大学位于杭州秦望山头，门对钱江大潮，卧览六合月色，极富诗情画意。宋清如爱上了这里的一切，入之江诗社、泡图书馆、赏桂香秋色，她快乐得像刚出巢的雏燕。初次参加诗社活动，她应诗社要求，认认真真作了首新诗供交流切磋。当晚，诗社上交流的诗作大多是古体诗词，她的新诗引起了诗友们的关注。更特别的是，她的诗，一行一行字数由少到多，排列成漂亮的三角形，有人好奇地问，这是谁写的，什么诗啊？她清脆地答道："宝塔诗！"顿时目光齐聚，满室惊诧。最后，"宝塔诗"传到一位瘦长个儿的男生手里。这个脸色苍白、尚带稚气的男生，在激情澎湃、笑语喧天的诗会上，始终安静腼腆，略带羞涩和淡漠。他拿到诗稿，仔细读了一遍，脸上泛起一丝红晕；又读了一遍，嘴角噙起一缕笑意。小心翼翼地把诗稿折成小方块，放进口袋里。宋清如的心，微微一颤。

那个男生叫朱生豪，是学校有名的才子。他的诗写得极好，英文水平也高，又特别喜欢莎士比亚的作品，大家都叫他"莎痴"。他沉默寡言，有时一天说不上一句话，也不合群，同学们私下称他是"没有情欲的才子"。

那晚，朱生豪给宋清如的印象是混乱迷离的，一会儿腼腆羞怯，一会儿孤傲率性，一会儿又亲切温和。

第二次诗社活动去西溪赏芦花，她和他都去了，朱生豪仍寡言少语，但心思细腻的少女诗人不难感觉到，朱生豪偶尔瞟来的眼神，满带柔情蜜意。宋清如心底暗暗喜欢上了这个"古怪的孤独的孩子"。她常写些现代小诗，主动请他指教，朱生豪也不吝赐教，大胆评改。有了朱生豪的指点，宋清如的诗写得越来越好，她的新诗陆续发表，当时著名的《现代》杂志主编读了她的诗稿后，竟回了一封长信，称她"一文一诗，真如琼枝照眼"。

"渊默如处子"的朱生豪，内心早已爆发出炽烈的爱火。宋清如清丽淳朴、优雅娴静，却又独立自信，在他的眼里像天使一样可爱。他讷于言辞，感情的闸门却在笔端打开。一天，宋清如接到了朱生豪填的词："忆昨秦山初见时，十分娇瘦十分痴，席边款款吴侬语，笔底纤纤稚子诗，不需耳鬓常厮伴，一笑低头意已倾。"他对宋清如的爱慕之情呼之欲出。两天后，她又收到他的信："我的野心，便是希望和你的友谊能继续到死时，谢谢你给我一个等待。"羞涩的他，爱情表白却这样大胆又直接。

杭州的春天是人间最美丽的季节。一个早春的拂晓，他们相约去苏堤春晓。走在苏东坡留在人间最长的诗句——苏堤上，朱生豪突然说："小青，要是我死了，请你亲手替我写墓志铭，不要写在碑板上，请写在你的心上，你肯吗？"宋清如听后，心头掠过一丝不安不祥，可年轻的心，怎肯往坏处想，她点了点头。从此，两人开始了鱼雁穿梭。诗，让他们找到了越来越多的共同语言，彼此相知日深，心心契印。即使木讷如朱生豪，恋爱起来，也变得活泼有趣，以笔说话，他的"话"特别多。他写给宋清如的书信，激情四射、摇曳生姿，光称呼就生动率性，多情有趣：好宋、宋宋、无比的好人、宋家姐姐、澄儿、傻丫头、青女、青子、昨夜的虞山小宋……

浓情蜜意中时光飞逝。一年后，朱生豪毕业了，他要到上海世界书局从事翻译工作。临行前，宋清如写诗赠别："假如你是一阵过路的西风，我是西风中飘零的败叶；你悄悄地来又悄悄地去了，寂寞的路上只留下落叶寂寞的叹息。"朱生豪读完她的诗，泪流满面，回填了首《蝶恋花》："不道飘零成久别，卿似秋风，侬似萧萧叶……"此后，在书信往返时，他们就常以"秋风"和"萧萧叶"自称。

宋清如大学毕业后到湖州民德女校任教，而朱生豪已在上海开始翻译莎士比亚的戏剧。每译出一剧，便寄给她征求意见，并请她誊抄一份作为副本留念，她成了朱生豪志同道合的知音。但因战局动荡，朱生豪又埋头翻译，两人天各一方，婚事一拖再拖。一天，朱生豪终于写信向她正式求婚，他说："小清，我一无所有，只有将那部《莎士比亚戏剧全集》的译稿作为礼物献给你。如果你答应了我，因为有你，我又无所不有。"结婚那年，宋清如31岁，朱生豪30岁，他们相恋整整十年。一代词宗夏承焘为新婚伉俪题下八个大字：才子佳人，柴米夫妻。

婚后，朱生豪仍沉浸在翻译事业中，对周遭世界不管不顾。宋清如当起家庭主妇，帮工做衣，补贴家用，为一日三餐奔波。上海沦陷后，他们的生活陷入困境，他的译稿一度在日军炮火中被毁，而她又怀了身孕，为了躲避战乱，他们回到她的常熟老家，专事翻译莎剧。一张木桌、一把旧式靠椅、一盏小油灯、一支破旧不堪的女用美国康克令钢笔和一套莎翁全集、两本词典就是他全部的工具。他足不出户，不到两年，他就译出31部莎士比亚戏剧。当翻译到《亨利四世》时，他突发肋间剧痛，痉挛，被确诊为肺结核晚期及严重并发症。临终前，他对日夜守护的宋清如说："莎翁剧作还有5部半史剧没翻译完毕，早知一病不起，就是拼着命也要把它译完。"

朱生豪走了。十年漫漫相思路，两年短暂相守，留给宋清如的是一个13个月大的儿子和5部半没译完的莎剧。

痛断肝肠，她却没时间和精力去流泪，他的墓志铭只适合写在她的心上。那年月，独自抚养雏儿已耗尽她的心力，可当夜深更静，孩子睡了，她用冷水冰醒困倦的眼，又坐到昏黄的灯下，拿起笔纸，她要继续他未竟的事业，将他未译完的莎剧译完。这是她对他最好的纪念。这一刻，她不孤单，他和莎剧是一体的，而她和他，也不可分割，就算死亡，也不可以。可惜在那"西风扫落叶"的日子里，一群穿墨绿色军装、戴红袖章的小将闯入她的居室，将她殚精竭虑潜心译成的5部剧本席卷一空！她哭了，号啕大哭，好像与他第二次生离死别。至死，她都没勇气再碰莎剧，她怕了那撕心裂肺的痛。

后来，终于风平浪静了，她回到了朱生豪的嘉兴老家，她睡在他曾睡过的床上，他的画像在她眼前，陪伴她，与她一起，一封封编写他写给她的书信，编写他们的旧时光、好日子。

有些爱，只盛开一季，却能芳香永存，有些人，只牵手一段，却能相伴人生的四季，让艰难而漫长的人生路，孤独，孤苦，却不孤凄。八十三岁那年，她平静地走了，去另一个世界，与他相见。她嘱咐儿子，把他们的书信和《莎士比亚全集》一起下葬。她刻在心头多年的那句墓志铭，终于刻在两人合葬的墓碑上："要是我们两人一同在雨声里做梦，那境界是如何不同，或者一同在雨声里失眠，那也是何等有味。"

（施立松）

被增补的见义勇为者

人们不会忘记，2010年3月23日发生在福建省南平市实验小学门口的那起震惊世人的恶性杀人案件。

那天早上6点20分，工作和爱情都不如意的化纤厂医院外科医生郑民生，从家中携带一把长约30厘米的尖刀，混入聚集在校门口等候入校的学生中。7点25分，他突然举起尖刀，对毫无防备的小学生大开杀戒，在55秒内连捅了13名无辜的小学生，造成8死5伤的惨剧。

郑民生还要继续行凶时，在校门口文体路上打扫卫生的女环卫工刘瑞英见状，不顾一切地飞奔过来，她手里端着扫把冲到郑民生面前，一边与身强力壮的凶手对峙，一边护着身后的3个孩子往后退。穷凶极恶的郑民生不断挥舞着尖刀，几次试图冲上来要杀掉3个孩子，都被刘瑞英用扫把使劲拦住。由于紧张和用力过猛，刘瑞英脸上被扫把划了多条口子。虽然血流不止，但她根本顾不得伤痛，心里只有一个念头：绝不让凶手再伤害一个孩子！

就在刘瑞英与凶手的紧张对峙中，一个晨练的城管干部、学校门卫以及几位市民一起扑上去，死死抱住郑民生将他制伏，并交给随后赶来的警察，避免了更大悲剧的发生。

刘瑞英看见凶手被警察带走，她也默默地离开了现场，继续自己的清扫工作。

在不久前公布的"3·23"凶杀案见义勇为名单中，人们看到了参与勇斗歹徒的城管干部、学校门卫及几位市民的名字，唯独没有看到刘瑞英的名字。很多人为刘瑞英抱不平，她却淡淡地说："如果我当时救孩子是为图点什么，那我成什么人了？只要那几个孩子都好好的，我要不要那个荣誉无所谓。"

市民们却不干了，纷纷上书有关部门，要求给刘瑞英一个公正的说法。得到的答复却是，认定见义勇为名单是根据当时监控录像中的现场情况落实的，不知是什么原因，当时刘瑞英与歹徒搏斗的影像没有出现在监控录像上，因此不能认定她为"见义勇为"者。

刘瑞英无缘"见义勇为奖"的消息经媒体披露后，在社会上引发了强烈反响，国内数十家报纸连篇累牍发文呼吁；各大论坛声援的帖子受到网民力顶；南平市市民街谈巷议的话题无不围绕刘瑞英展开……要求还刘瑞英一个公道的呼声此起彼伏，引起了南平市政府的高度重视。

在经过一番走访工作后，事情出现了重大转机，市民们终于看到了令人欣慰的结果：于日前增补刘瑞英为"3·23"凶杀案"见义勇为"英雄，并依据《福建省奖励和保护见义勇为人员条例》的相关规定，给予她表彰奖励。

对于这迟来的荣誉，刘瑞英并没有多大的激动，依然心如止水。她在接受媒体采访时说："我虽然不识几个大字，大道理也不会说，但我能分得清好坏。在那种情况下，搁在谁身上都会冲上去的，谁还顾得上去想以后当不当英雄。能增补我为见义勇为者，我接受，即便不增补，我也无怨言。以后碰上坏人坏事，我照样会冲上去。"

也许，一个人一辈子都难有与坏人搏斗的壮举，但像刘瑞英在得失面前能如此坦然，却是难得。她能做到这些，是天性使然。因为心地善良，所以她很坦然。在当今浮躁的社会里，有几人能像她一样做到这些呢？

（张达明）

这样的青春更灿烂

大学毕业那年，她响应国家号召，拒绝大城市的诱惑，到边远农村做了一名普通的支教教师。也就是在这一年，她认识了在西藏当兵的他。

她没有见过他，只是在收信中想象着他的样子，信里，他给她讲述边防的生活。站岗、星星、蓝天……他说得最多的还是雪，他所处的地方海拔有四千多米，每年有半年的封山期，封山之后，一切都将与外界阻隔，不能打电话，不能写信。外面的人进不去，他们也出不来，甚至只能吃储藏在地窖里的咸菜。每天面对皑皑白雪，还有深藏在内心无法言说的寂寞。而且，雪崩塌方时有发生。

她笑，心里想，他骗小孩子吧！现在，哪里还有这么穷这么苦的地方。

十月一到，果然就联系不到他了。他仿佛突然从这个世界消失了，没有了任何音信，世界一下子寂静了。思念袭来，她的心一点点地沉沦下去，怕是真的爱上了高原上的那个兵。她开始给他写信，可写的信都泥牛入海，一去杳无音讯。她不放弃，心想：等到来年放暑假，就去高原找他。她甚至一度悲观地想：活要见人，死要见坟。可不等她去找他，来年四月，冰雪消融，在开满桃花的校园里，她一下子收到了30多封信，都是他写给她的。

第二年，她不顾家人反对，冲破重重阻碍，义无反顾地嫁给了他，成了一名边防军嫂。这一年，她24岁，最青春美好的年华。余下的岁月，她的生活没有什么变化，仍旧是备课、教书。偶尔和他通电话，信号断断续续的。她喜欢给他写信，在信里她告诉他：收到他的信的那一天，都是过节。她会穿上花衣服，打扮得漂漂亮亮地给孩子们上课。上完课就骑车到镇上的照相馆照一张相，然后连同信一并寄给他。

问她怕不怕，那么长的时间没有他的消息。她说："我们约好了，在没有消息的日子里，彼此照顾好自己，就是对对方最好的爱了。她还告诉我，十月的大雪虽然会阻断他们的信息，但，爱在心里，春天总会来的。

他是快递公司的快递员。

我正在电脑前打字，听到有人敲门，我喊"请进！"一个男孩微笑着走进来。"哦！一个快递员。"我抬头斜睨了一眼，没把他当回事，继续工作。领导唤我去办公室，帮忙记录一下物品的重量。我这才得知，这个其貌不扬的小伙子还有一段故事。

一天，他来我们小区送快递，按错了门铃，正巧碰上我们领导出门，他一问，才知道走错了。赶紧给领导道歉，连声说对不起，并弯腰鞠躬到90度。领导觉得这孩子懂礼貌，便问他是做什么的，他很认真地回答："我是快递公司的员工，我们单位……"微笑流畅地把公司介绍一番之后，说道："因刚来北京，人生地不熟，所以走错了，真的对不起，打扰您了。"并且再次弯腰道歉到90度。领导点头微笑，要了他的联系方式。因为领导看中了他的谦虚与认真的态度。

我这才注意到他，挎着一个大大的包，黝黑的脸膛，手掌心都是汗，一身衣服倒是干净简朴。听到领导对他的赞许，他不好意思地连声说："应该的，应该的。"领导看着他额头的汗滴，顺手递给他一瓶水，他执意不要，说单位有规定，不能接受客户的东西。最后，领导发话了："单位人多，每天要寄的东西也多，以后，你来就是了。"于是，他成了我们单位唯一的快递员。

我把他送到电梯口，看着他年轻的脸庞，我问："你多大了？""22"。"来北京几年了？"他用手擦了擦额头的汗，腼腆地笑着对我说："我还差一年大学毕业，学的是汽车机械。"大学生？这让我始料未及，又充满敬意。就在电梯关闭的那一刹那，他微笑着对我说再见。我看到了他晶亮的眸子里蓄满了阳光。

那一年，她16岁。家里条件困难，父亲给别人做活，从房顶摔下来，断了右手，从此家庭的重担一下子落到了母亲身上。

那一晚，她起床上厕所，突然撞到了母亲的泪光。明亮的月亮，照着窗台，也照亮了她翻来覆去的愁。她突然感觉到一种责任，似乎一下子长大了。第二天，她作了一个大胆的决定——辍学。背起行李，一个人去了北京。

卖过菜、刷过盘子，最困难的时候睡在火车站的地下通道里。最后被人请去当了保姆，雇主是一对年迈的老人，两个儿子都在国外成了家，一年难得回来一次。老人孤寂，也没人照顾。

她便把那一对老人当成自己的亲人，一心一意地照顾。人勤快，又不怕脏，不怕累。拖地、擦桌子、洗衣服样样都行。又因为做得一手好菜，很讨两位老人喜欢。除了做饭，她还细心地陪老人说话，为他们削水果，陪他们散步。于是老人便收了她做干女儿。不仅给她涨了工资，还给她买了书本，让她在闲暇的时候学习。她本来基础就好，一看就会。后来通过自考先后取得了大专和本科文凭，并通过自学取得了会计资格证。这些年，她打工寄回家的钱不仅治好了父亲的病，而且供弟弟顺利地读完了大学。

问她这些年苦不苦，她摇了摇头，笑了笑，说："穷有穷的活法，富有富的过法，只要不违背自己的良心，只要真诚地对待别人，就总能有所收获。"

现在，她在一家国有企业任财务经理。这一年，她26岁。

这是我认识的几个年轻人，都是"80后"，他们用最低的姿态去迎接最盛世的繁华，那水晶般透明的心便开出一朵花，微笑着迎接风霜雨雪，脉脉地散发着馨香。

（善观雪）

心灵的简报

曾经看过二战时期的两幅照片。

第一幅上面，一个小男孩穿着露脚趾的鞋子，破旧的裤子，帽檐已经烂了边儿。他怀里紧紧抱着两份报纸，手里拿着一份，在高声叫卖。报纸上，报道着卫国军在前线战败的消息，头版附着阵亡人员名单。

照片下面的信息栏里写着：这个以叫卖消息为生的男孩，还不知道他的父亲也在阵亡名单里。

第二幅照片上面，同一个男孩，同样的地点。男孩手里依然拿着一张报纸在叫卖，怀里还抱着一沓。男孩胸前戴着白色的花，显然，他已经知道父亲阵亡的消息了；然而，他的目光炯炯有神，挥舞报纸的手势充满了坚定……

照片下方的信息栏里写着：不管是好消息，还是坏消息，都是来自生活的消息。

这是一句非常耐人寻味的话，和那个男孩的眼神一样深邃、隽永。两幅照片，像两首生活的哲理诗，阐释着悠远的人生境遇和含义。

我们的人生，其实是一张常规性的报纸，有我们爱看的消息，也必然会有我们不感兴趣，甚至不希望看到的消息。

退一步说，就算人生是一张剪报，也不可能尽拣我们爱看的消息登载。我们唯有做自己的主编，在心里给自己办一份报纸，那里登载着我们生命里的全部阳光和快乐。

（丹崖）

最宝贵的财富

什么是"最宝贵的财富"？这是一个很难回答得恰当的问题，大腕们都喜欢说自己的成功史与众不同，而且，他们的经验往往与成功有相悖的地方。但是，对他们而言，改变人生命运转折点的莫过于第一份工作。以下几位成功人士的经历告诉我们：第一份工作的重要性不在于收入多少，而在于学到什么。

歌星克林顿·布莱克最宝贵的财富

第一步收获：我学会了坚定不移

第一份工作：报纸发行员

今日成就：已经销售了逾1600万张唱片

克林顿·布莱克14岁那年，得到了一份放学后替《休斯敦邮报》拉订户的工作。虽然为了完成工作，布莱克常常天黑后还奔波在一栋又一栋的住宅楼之间，可是他一点儿也不觉得苦。毕竟，这是他自己好不容易获得的一份工作。然而，没多久他就发现了这份工作真正的考验：人们大多不愿意陌生人冒冒失失地敲自己的家门，更何况敲门者还是一个推销报纸的小男孩。

有一天，布莱克遇到了一位态度极其粗暴的户主，他开门一明白是怎么回事儿后，马上对布莱克咆哮："我根本不需要什么该死的报纸。"然后"砰"的一声将门关上。当时，布莱克愣住了，也很生气。不过为了完成销售任务，他还是压下怒火，再次礼貌地敲响了门，并向户主详细介绍了报纸的特色。最终，布莱克说服了户主，户主很高兴地订了一份《休斯敦邮报》。很快，布莱克的销售业绩就升到了榜首。

那次经历教会了布莱克一个道理：为了一个目标，无论遇到什么样的困难，都应该坚定不移地走下去。18岁时，布莱克确定了自己的生活目标，做一个职业音乐人。在他的音乐生涯中，他多次遇到别人向他无礼"关门"的事情。有一次，布莱克和自己以前的经理之间发生了法律纠纷，当时，他向布莱克施加压力，想迫使布莱克离开音乐界。尽管形势艰难，可是，为了自己心爱的音乐，布莱克还是选择了留下。最后，他赢了。

作家戴夫·巴里最宝贵的财富

第一步收获：我领悟到何谓责任感

第一份工作：营地辅导员

今日成就：《迈阿密先驱报》的幽默专栏作家，还在其他600家报纸开设了幽默专栏

17岁时，戴夫·巴里在一个营地里担任辅导员，主要负责管理一群10—12岁的孩子，让他们在一起时不要闹事。此外，巴里还要

带着他们到森林里郊游。能够到迷宫一样的森林里玩自然令人兴奋，可是当带着一群比自己小的孩子同行时，兴奋感一定会跑到九霄云外，因为他们的生命安全似乎全部系在了巴里一个人身上。他必须运用自己所有的知识和胆量，帮助他们应付遇到的突发情况。这对向来有些胆小的巴里不是一件容易的事情，可是他必须这么做。

巴里带着一群孩子在湖边安营扎寨，当时他是这群人中唯一的白人。他们在湖里游泳时，碰上了一艘载着白人孩子的摩托艇，艇上的白人孩子向他们的队伍叫嚷着带有种族歧视的话语，并企图用水溅湿他们的帐篷。当时，巴里也不知哪儿来的勇气，和自己的助手一起警告他们："如果你们再敢靠近这些孩子，我们将抄下你们的艇号，打电话叫警察来。"在巴里的严词下，这些挑衅者最后还是离开了。

那个夏天，巴里重新回学校后，发现自己似乎不再像以前那么胆小了，而且忽然间领悟到责任感是什么。

科学家玛琳娜·罗丽亚最宝贵的财富

第一步收获：要让失败为我所用

第一份工作：药厂化验员

今日成就：著名生物科学家，美国默克公司传染病领域科研导师

自21世纪以来，罗丽亚就开始领导着一个研究小组，负责将默克公司很有发展前景的抗艾滋病药物"MK-0518"带入实验室检测

的最后阶段。这种新药可以通过阻断一种整合酶来防止艾滋病病毒复制自己的DNA。据说这种药物比目前使用的治疗方法更有效，而且能够更快地发挥疗效。

罗丽亚说："20年前，我只是默克公司下属药厂的一名化验员。但是对我而言，实际上可以从失败的试验中获取丰富的信息为我所用。这一点我做到了，因为我刚做化验员时，就不断收集自己与他人的失败试验结果，花费了大量时间后，人们就会关注我经验中的积极辉煌结果。而那些成功开发了新药的人们，往往都是从不理想的结果中学到了东西。他们也是收集各方面的信息，然后进行全面地分析。"

与罗丽亚共同从事这方面研究的同事凯丽·鲍瑞尔说："罗丽娅与众不同的地方在于她非常富有创造性，许多科技工作者做事总是一步一步地来，而罗丽娅做事却像下棋，她的做法表明她会比别人早想到几步。"

财经作家苏希·奥尔曼最宝贵的财富

第一步收获：信用是金

第一份工作：侍者

今日成就：著名的财经类畅销书作家，著作包括《金融自由的九大步骤》《鼓励致富》

苏希·奥尔曼的第一份工作是在一家小餐馆当侍者。这个工作虽然很平凡，可是她却从中明白了很多道理。最让她难忘的是一位名叫弗雷德·汉斯布鲁克的老顾客。他是一个电器销售员，经常到餐馆来点一份火腿、蒙得利干酪加煎蛋卷做晚餐。每一次，奥尔曼一看见他向餐馆走来，就早早收拾好他常坐的桌子，为他送上他一成不变的晚餐。当然，还不忘给他送上一个灿烂的微笑，这可是做侍者起码的要求。

那时，奥尔曼最大的梦想就是拥有一家自己的小餐馆。有一天，她向父母说了自己的想法，并希望他们能资助她，可是他们对她说："我们没有足够的钱帮助你。"第二天，奥尔曼带着失望的心情上班，弗雷德一见她就问："怎么了，'阳光'？你今天一丝笑容都没有。"奥尔曼向他和盘托出了自己的梦想和苦恼。他当时一言不发，第三天，弗雷德居然交给她一张5万美元的支票，并给她写了一张便笺：这笔贷款唯一的抵押是你作为一个人的诚实，好人的梦想应该得到实现。

后来，虽然奥尔曼的小餐馆没有开成，但是，她始终没有忘记弗雷德对她的信任。在攒到足够的资金后，她将5万美元再加上每年14%的利息，归还给了弗雷德。他给她回了一封感谢的条子："这笔贷款是我一生中最成功的一次投资。它帮助一个无助的小女孩，成长为一名成功的职业女性。有多少投资会带来如此大的收益？"

对奥尔曼而言，这笔贷款使她明白信用是最宝贵的财富。

（詹姆士·拉切尔）

信心就像阳光一样

　　一位朋友给我讲述他的绘画创作经历时，说过这样一件事：那时，他刚刚加入画协，要报三幅油画作品参加省一级画作评比。他准备好后，总觉得信心不足，犹豫中将作品报了上去。当时他想，能得个安慰奖就很知足了，没敢奢望几等奖，甚至当他拿到评奖通知时也没有急于看个究竟，只是随意翻了翻，才发觉自己的作品获得了一等奖。

　　"你知道吗？从那以后，我对自己的绘画有了新的认识，我感觉自己也能画好，有时候灵感来了一泻千里，不可阻遏，那种精神的愉悦是任何事情都不可比拟的！"

　　听完朋友的讲述，我在想：许多时候，我们就是因为缺乏信心，因为胆怯，而畏手畏脚。从而使自己的事业或停滞不前，或如邯郸学步，亦步亦趋而无所斩获。

　　相信自己是最好的，就会在心里为自己点起一盏灯，虽然前面仍是迷雾重重，虽然前途仍有不测艰险，因为心中有光明相伴，你就会迎着曲折，走向天边的黎明。

相信自己是最好的，你就会给自己的心灵注入不竭的活力与激情，面对世事烦扰，面对人生坎坷，你都会用一颗炽热的赤子之心去生活，去发现生活中蕴藏着的真、善、美。

我曾经历过许多不自信。记得那一年我参加学历提高培训考试，因为考前书只看了两遍，当走向考场时，我犹豫了。好友一脸惊诧：你不试试怎么知道自己不行呢？我硬着头皮进了考场，结果我过了第一科。从此，自修之门在我的手中打开了。

后来，每每谈起此事，我都感慨，若是没有那次的尝试，说不定我已经远离了学历进修之路。而我的自信，也是从那个时候走进了我的心。

还看到过一个故事，主角是李嘉诚。

早年在塑胶裤带公司的推销员里，数李嘉诚最年轻，面对几个佼佼者，李嘉诚坚信自己是最优秀的。他不断给自己施压，每天早早地背着装有样品的大包出发，走街串巷。年终，他的销售额竟然是公司第二名的七倍。正是靠着自信这一信念，李嘉诚在商海中不惧风浪，成为世界知名商业巨子。

只要拥有自信的种子，不管工作多么平凡、卑微，环境多么艰难、困苦，那颗种子都会顽强地生根、发芽，最终将田野山川染出一片新绿。

当然，自信绝不是自大、不是目中无人，更不能像纸上谈兵的赵括，最终一败涂地，误国，误家，误了自己。

　　自信源于对自己的充分认识。源于自己的心理准备、学识、实践经验。相信自己面对疾风暴雨、恶浪浊空，不但不会惊慌失措、迷失方向，反而能勇敢地挺起脊梁。

　　信心是心灵中的火，信心是生命中的泉，信心是车的马达，信心是船的帆，只要我们对自己不失望，不断地积累学识，磨炼意志，每一天，每一刻都铭记着自信的信念，成功离我们就不会远。

（飘飞）

生如高天，活似流云

郑一梵是我见过的最特别的残疾人。初见面时，是在初夏，他正摇着轮椅在丁香花丛中采摘那些粉红的花瓣，说要回去自制一种丁香花茶。觉得他是很有情趣的一个人，虽然身有残疾，且还带一身的病，可似乎对他灵活的思绪毫无影响。

几天后，又遇见郑一梵，笑问丁香花茶的事，他轻松地一挥手："搞砸了！没成功，还损坏了一盒上好的茶叶！"虽这么说，却没有一丝的遗憾和懊恼。我问："那你怎么又来采丁香花瓣了？"他说："我准备按颜色深浅和形状分类，用丁香花瓣粘一幅画！"他为自己的这又一新奇想法兴奋不已，给我大讲了一通他的构思，说什么画初成时是一种效果，等花瓣失水枯干褪色以后，又是什么效果，头头是道。

郑一梵三十多岁，长相威猛，一脸络腮胡子，如果不是坐在轮椅上，当是如张飞或李逵般响当当的汉子。按他的话说，这个形象是他特意营造出来的效果。他从小因身体关系很是柔弱，对于柔弱这个形容女孩子的词，他极为反感，于是想尽一切办法锻炼手臂和胸肌，并蓄起了满脸的胡子。终于再与柔弱不靠边，可谁又知道他宽松的裤管内，那两条细如婴儿臂的腿？

果然，郑一梵的丁香花粘贴画也夭折了，依然没什么遗憾，因为他又兴冲冲地奔向下一个奇妙的目标。不要以为他是不务正业，其实他也颇有几个赚钱的手艺。不是想象中的残疾人修电器修表修鞋什么的，也不是写作画画卖字卖唱，实际上他的文化水平并不高，也坦言自己没什么文化修养。可就这样一个人，居然弄了一个花卉基地，而且精通插花。我去他的花卉基地参观过，很是震惊了一下子，什么地上长的，盆里栽的，水里生的，林林总总，大开眼界。张飞般的郑一梵乘着他的"坐骑"身处其中，很怪异的感觉。面对赞叹，他难得地谦虚说："多是我爱人打理，我只负责技术上的指导。"一个讨厌柔弱的汉子，却与娇花相伴，号称没有文化，却又深谙花卉知识，真是让人叹而复叹！

人们羡慕郑一梵自由自在随心所欲的生活，感动于他平和而又灵动的心境，他却说："我不懂什么生活的道理，也不太明白什么人生的意义。我知道当初我出生时，就有先天的残疾，别人都对我父母说把我扔掉，我爸却说，孩子只要生下来，就和别人顶着同样的天，留下，养大！于是我就这么留在这个世界上了，而活着嘛，就是自己舒心让亲人舒心的事，不用想太多！困难总会有，也总会过去，这样就好！"

据说他还曾开过广告公司，也曾摇着轮椅去徒步走全国，甚至还习过武，想做一个坐轮椅的怪侠，却在一次见义勇为中破灭了这个念头。更传奇者，是他和爱人的相爱经历。那时的郑一梵，形貌和现在没什么区别，基本属于让女孩害怕的那种。可他却把那么一个健康美丽的女人追到手娶回家，这个过程一直没有详细资料，夫妻二人讳莫如深，他们的亲人也稀里糊涂。不过从郑一梵千奇百怪的思想来看，应该是很容易抓住一个女人的心。

有一次和郑一梵一起吃饭，在他家，他亲自下厨做的。面对那些菜肴，真让我怀疑这小子是不是没有不会鼓弄的东西。

吃着吃着，郑一梵忽然逸兴遄飞，非要喝酒。以前一直没见他喝过酒，很是担心。只见他不知从哪里翻出瓶白酒，倒了满满两大杯，一人一杯，谈笑间，他两口就喝尽了。让我大惊，并暗道真人不露相。没想到此人喝干了以后，却一头歪在桌子上睡着了，立马露了馅儿。看着他的醉中睡姿，百感杂陈。

是的，他是一个不懂得什么生活道理的人，也是个不太明白人生意义的人，可就是这样的一个人，却活得让人钦羡。我常常舞文弄墨，那些文字里充满了哲理和感悟，似乎已通透了一生，可在郑一梵面前，却觉得自己生活得很累，很无奈。生活，非是单纯地为生而活，亦非书中所说生即幸运活即机遇，其实生活更如郑一梵所为般，生如高天，活似流云，无穷无际，坦荡随心。而更多的时候，我们的心早已不致迷失在何处。我们与郑一梵的距离，也许正是隔着一颗宽广而自由的心。

（包利民）

为自己喝彩

　　我知道，上帝不会创造出尽善尽美、在任何方面都堪称卓绝的人；我同样知道，生命的漫漫之旅，有鲜花铺地的光明坦途，也有荆棘密布的坎坷征程，我更知道，当生命之神为你佩戴上成功王冠的同时，也可能让你背负着失败的重荷，因此我们没有理由不为自己的某一所长而骄傲，没有理由不为自己前进的每一步而自豪，没有理由不为自己的每一次成功、哪怕是小小的成功而喝彩。人生可以缺少金钱，可以缺少权势，但唯独不能缺少的是自己的喝彩。为自己喝彩，代表着自我肯定与欣赏，代表着自信自强自尊与自爱，是勉励自我克服消极，鞭策自我积极进取的神秘力量。因此，朋友——请为自己喝彩！

　　俗语：山外青山楼外楼，强中更有强中手。到底有谁敢自夸自己是天下第一人，能够无往不利呢？恐怕没有。古往今来，千千万万个被著说立传的帝王将相仁人志士，有哪一个不是叱咤风云盛极一时的风流人物呢？然而，与浩若烟云的历史长河相比，他们充其量不过是万点繁星中的一颗罢了。如若拿芸芸众生中的你我与历史长河相比，恐怕又只能是茫茫宇宙中的一粒尘埃了。因此，奢求自己会是最好最出色最伟大的，而是要努力做到更好更出色更伟大！只有树立这种良好的心态，才能给自己一个公正合理的评价。记得曾学过这样一篇散文，讲述爱因斯坦小时候在一次手工课上交的作业是全班最最粗糙最最拙劣的作业，当教师面带愠色问这是谁的作业时，小爱因斯坦勇敢而坦诚地告诉教师那是他的作业，并拿出自己前几次做得更糟糕的作品。每每想起这篇课文，我都会十分感动，感动于爱因斯坦的坚持不懈，感动于爱因斯坦对自己公正的认识。试想，如果当年爱因斯坦没有给自己一个公正的评价，肯定自己比以前已有进步，而是主观地认定自己比别人笨，自暴自弃，那么世界历史上还会有爱因斯坦这个伟大的科学家吗？由此可见，代表着自我肯定与欣赏，代表着自信自强自尊与自爱的为自己喝彩是多么重要。

可是在现实生活中偏偏有许多人认识不到为自己喝彩的重要性。他们总是用审视的眼光拿自己与周围的人比，比父母的财富，比出身的优越，比穿着的时髦，比容貌的俏丽，比玩儿的派头……比来比去，总是觉得自己比别人差，更有甚者，认定自己"一无是处"，自卑自贬到十八层地狱，于是自怜自艾，自暴自弃，自甘落后。殊不知，别人的长处你学不来，可你的长处也是别人望尘莫及的呀！罗曼·罗兰说过，用自己的短处与别人的长处相比，那是你自寻烦恼；用自卑代替自我喝彩，那是你不懂得珍惜生命。我喜爱并欣赏这句话，因为我大懂得它的含义了。我来自农村，父母都是农民，虽然家境比较富裕，但当我跨入大学校门的那一瞬间，我仍真真切切地感受到自己与那些城里来的学生的不同。不只是言行举止，不只是衣着打扮，更主要的是心态。必须承认这一点，当时我的确很自卑，但那只是很短暂的感受，因为没有多久，我便发现虽然他们的诸多长处，如温柔、博闻等，我无从学起，但我的众多优点，如勇敢坦率、坚韧不拔，他们也是无法比拟的呀！于是我尊重他们，虚心接受他们的批评，向他们学习，同时也一如既往地欣赏和珍惜自己的那些优点，并充分发挥这些优点，结果，大学两年里，我不但取得了优异的学习成绩，连年获得奖学金，提前通过了各类等级考试，而且也学到了许多为人处事、工作交友的知识。我真正地为自己感到骄傲，感到自豪，为自己而喝彩，因为我没有辱没恩师的期望，没有辜负父老乡亲的嘱托！

人生的路还很漫长，我不会忘记自己的生存价值，更不会忘记在自己成功时喝一声彩。虽然，这声喝彩，可能一时孤单，但我相信，在这声喝彩的背后，将有越来越多的人为我喝彩。朋友们，让我们确立一个良好的心态，不时为自己小小的成功喝一声彩吧！

（米粒儿）

获得威信的正确途径

　　威信，《辞海》解释为："声威信誉；众所共仰的声望"。其实，威信就是我们通常所说的"群众基础"，是群体对个体的评价。威信就像晴雨表，全面衡量着人的品德、才能、气质和学识、是对德、能、勤、绩的综合检验。现实生活中我们说某君"威信高"、某君"威信低"、某君"有威信"、某君"没威信"，就是对"某君"内在和外在品质的评价。对党政干部来说，任何时候威信都是不可回避的话题，因为它直接关系到个人的声望和党在人民群众中的形象，同时也影响着所在单位的集体荣誉。

　　在现实生活中，围绕怎样树立威信这个问题，往往存在着一些错误观点和模糊认识，主要有以下四种：一是认为职务越高威信越高的"以职树威"论。这些人把职务当作地位的象征，在群众中招摇过市，甚至横冲直撞，以此显示自己"高贵"的身份，似乎有了职务就有了身份，有了身份就有了威望。二是认为资历越老威信越高的"以资树威"论。这些人往往以老自居，将资历当作处世的资本，在少者面前玩弄深奥，以显示"老者风范"，即使是有些经验已经过时了，也时不时搬出来压人。三是认为权力越大威信越高的"以权树威"论。这些人把党和人民赋予的权力，当作"取信于民"的资本，看谁"顺"就施以小恩小惠，看谁"碍事儿"就乱施淫威，以此显示权力至高无上。四是认为只有"威风凛凛"才能威加四方的"以'威'取成"论。这些人平时一脸威严。待人待事稍不顺心就横加指责，甚至训斥漫骂，似乎不这样就体现不出领导的尊严，不这样就没有领导的威风，不这样就镇不住属下。

以上种种树威方法，笔者实在不敢恭维，因为在职、权、资、威的背后，隐含的似乎不仅仅是自我价值的恶性扩张，更隐含着对私欲的追求。以这种意念和心态立足于社会的人，怎能在群众中树起崇高的威望呢？个别的投机钻营分子也许能逞一时之强，耍一时威风。但终将现出"狐狸尾巴"。

那么怎样才能通过正确的途径树立威信呢？笔者认为，应从以下几个方面加以努力。

要以德取威——用优良的品德感染人。德是为人之本。这里所说的德，包括政治品德和思想道德。作为一名党员干部，除了要有坚定的政治信念，正确的政治方向，鲜明的政治立场，敏锐的政治眼光之外，更要坚持原则。公道处事；严以律己，宽以待人；清正廉洁，大公无私；言行一致，表里如一；为人正直，不搞权术。古人的"其身正不令而行；其身不正，虽令不从"，就是对以德取威的最好注脚。如果领导者利用职权违法乱纪，以权谋私。他在群众中的形象就会发生扭曲，也就没有威信可言。反之，如果品德高尚，正气浩然，就必然在群体中产生人格力量，威望就会不言自高。

要以学取威——用广博的学识折服人。所谓学就是指学识。广博的学识是领导干部应当具备的基本素质，也是领导干部树立威信的重要途径。我们所提倡的知识化和专业化，就是要求领导干部除了具备一定的基本知识之外，还要具备广泛的社会知识，同时还应当精通本部门、本专业的知识，力求在本单位成为行家里手，这样群众才会对你服气。否则，如果知识贫乏，不学无术，在领导岗位上瞎指挥，群众就不会服气，甚至瞧不起你，这样的领导就很难树起威信。

要以才取威——用超群的才干带动人。"才"对于领导者来说就是领导能力，包括预测能力、决策能力、指挥能力、组织能力、写作能力、阐说能力等等。一个才干超群的领导者，能够使人产生一种信赖感和安全感，即使遇到艰难险阻。群众也会在其感召下同心同德地跟着干。相反，一个拙劣的领导者，在决策时唯唯诺诺，行动时怕担风险，就不可能使群众产生信任感，也就不会赢得好的评价。

要以信取威——用诚实的态度取信人。信就是要讲信用，说话、办事要有威信。在共事、交往中真诚地对待上级、对待部属、对待同事，说话做事一是一、二是二、不夸大其词，更不能欺上瞒下。对于承诺的事，只要有条件、符合原则，就要义无反顾地落到实处；

对于没有条件办到的事，不要轻以许愿，以免在群众中造成不良的影响；对于自己所说的话、所做的事要敢于负责，遇到麻烦不绕道。实践中我们可以发现，凡是成功的领导者，一定是"言必信，行必果"的领导者，任何情况下都不失信于民，因而享有崇高的威望。假若轻诺寡信、失言失信，可能使群众蒙蔽一时，但终将原形毕露，将威信丧失殆尽。

要以情取威——用真挚的感情凝聚人。所谓情就是同志之情，是在长期的工作、生活、学习中形成的真挚友情，是上下级之间、领导与群众之间互相了解、互相尊重、互相信任、互相体贴的表现。有了这种感情，领导与下级以及群众就能同甘共苦，甚至生死与共。一名称职的领导，只有将群众的利益作为最高利益，才能与群众建立起牢不可破的同志感情，才能形成强大的凝聚力。也只有这样的领导，才能获得人们的信赖，形成自己的领导权威。那种对下属和群众冷若冰霜、麻木不仁，把自己看作主人，把下级看作仆人，摆架子、逞威风的领导，下级对他自然就没有什么感情，也不会有威信可言。

（傅全宏）

青春里滴落的时光

疑惑

小时候，放了学喜欢和要好的朋友一起玩，在夜幕降临时沿着那一条蜿蜒曲折的小泥路骑车追风——做个追风的无忧少年，真爽真刺激！到了街角，各家父母吆喝孩子回去吃饭，我们停下来大口喘气，然后看了一眼各自衣服上的泥巴和草芥，忍不住哈哈大笑、互相作别，继续用力蹬车，穿过巷子，回家。

记忆犹新。那时的风，不像现在这般夹杂废气，而是又轻又纯。当风呼啦啦地从耳畔吹过，潮湿的心情顿时全无，各种成长的痛消失不见。我们的笑声好像在风中追逐，在风中亲吻，这风给过我们太多缱绻的回忆，太多可以触摸的欢乐。我们在岁月的孕育下，渐渐长成玉树临风的少男或是窈窕美丽的淑女。

在学校，也曾和朋友闹过别扭，然后掉头就走，骑着车，不顾身后的呼喊，那种倔强，让我们迷失了友情之风的方向；还曾和父母发生激烈的争执，做出离家出走的愚蠢决定……

为何年少的我们，能毫不记仇、"宽宏大量"？可惜的是，一路走来，我弄丢了一颗透风的心。

失去

上了初三，爷爷被查出肝癌，危在旦夕。

我整日忙于学业，埋头于题海之中，少去看他。结果听同学说，肝癌是最痛的，常常让人痛不欲生。我的心猛地一缩。周末我去看他，他枯瘦如柴，独自一人靠在木藤椅上闭目，知道我来，他始终不肯睁眼，怕是一睁眼见到同样消瘦的我会泪涌出来。于是我握着他的手，让他好好听我讲，讲他曾经给我讲过的故事，讲他给我的生活带来的改变，点点滴滴，讲得我泣不成声。他一语未发，可我知道，他此时此刻内心早已波涛汹涌，千言万语尽在不言中。

天气渐热，很多同学都把家里人叫来，搬走宿舍里的被褥，他们忙碌不停的身影，使我情不自禁想起了爷爷，想起他曾经吃力地抱着被子下楼的情景；校运会上，我险些晕倒，可他的话，激励我坚持跑下去，最后，同学来扶我，我以为自己回到了他久违的怀抱中……

中考结束不久，爷爷安宁地离开了这个纷扰的世界。我记得，父亲在丧礼上呼天抢地，而我沉默不语，脑海里不断闪过他慈祥的笑容、可掬的神态；我记得，当父亲按下"火化"键，爷爷就将化为灰时，我试图通过大哭大叫呼喊他回来；我还记得，回去时，车行驶在山间路上，山花开了夺目的一片片，但他再也无法看到！

迷茫

尚处在思想一半成熟一半稚嫩的我们，拥有着最美好的青春时光，拥有各种洁身自净的机会，而以后，恐怕由于奔走于生计，会无故丢掉很多美好的品性。

我常在想，高中这个大染缸，将我们染成了不同的颜色，因为我们各自怀抱不同的理想，可是，我担心最终出来的时候，连自己都无法理解自己为什么那么鲜艳。是蜕变吗？还是被强迫"换装"？

最终，我想通了，人各有短，悲伤着不值得悲伤的事，才是真正的悲哀。

我想，为过去的一些事耿耿于怀、悲伤于心，并不是我现在要做的事。唯有努力拼搏，才是对我流逝时光的最好报答。

（宗晖）

给人留瓶水

他生在四川眉山一户农家，初中毕业后，就因贫困辍学了。之后，他辗转全国各大城市，但一直都没干出一番事业。看着身边的朋友都事业渐成，唯独自己还在失败的道路上不断地徘徊，他的心情十分低落。

为了寻求人生的意义，他徒步去新疆罗布泊旅行。不料，他在沙漠中迷失了方向。当死亡一步步逼近的时候，他突然发现一处断壁残垣下有一个生了锈的泵压水井。他试着压水，可是一滴水也打不上来。他绝望地瘫倒在地上。

这时，一个商队恰巧经过，一个小女孩从骆驼背上跳下来，走到他的旁边说："叔叔，要想使用压水井，必须先把瓶中的水倒入泵中。

说完，小女孩就从背包里拿出一瓶水，拧开瓶盖，把水倒入泵中。他迅速压水，很快清凉的竹露涌了出来，他痛快地喝了个饱。

正当他欲转身道谢时，小女孩抢先说："叔叔，你将瓶子重新注满水，放在墙角，留给后来的路人吧，兴许别人用得到。"

他被小女孩的话给惊住了。他没想到一个十来岁的女孩竟能有如此开阔的眼界。

回去后，他对上天许下一个承诺：不管我能力如何，都会用尽全力去给需要帮助的人"留瓶水"。那瓶水是希望，是通向幸福与平安的希望。

2010 年，他背井离乡，来到云南丽江做了一名支教教师。他没有工资，生活条件也窘迫得令常人难以想象。每天吃难以下咽的咸菜，几个月后，他就暴瘦二十多斤。令他更头疼的是山区里信号覆盖不到，与外界几乎断了联系。

但这一切都没有令他畏惧，反而坚定了他留守的信心。他知道，假如自己走了，孩子们就会依旧留在沙漠里，甚至会在贫穷的沙漠里渴死。而他就好像当初给自己水的女孩，可以提供他们一瓶水。这瓶水，就是知识，可以让他们走出贫穷。

山区穷，看着枯瘦如柴的孩子们，他内心痛苦不已。为了改善孩子们的伙食，让孩子们多吃点肉，他用业余时间做音乐，录专辑，放在丽江的酒吧里卖钱。他总是告诉孩子：只要掌握知识，就有改变命运的机会，生活没有跨不过去的坎儿。

2011 年，他赚了 1000 多块，全部拿出来资助孩子们。而他自己却是靠着家里的供给和朋友的资助艰难度日。

为了从更大程度上帮助贫苦山区的孩子，2011 年 11 月 28 日，他走进《中国达人秀》，利用自己的歌声募集资金。他弹唱《希望树》，嗓音沙哑，音域低沉，仿佛唱出了他这一年多来的千言万语，唱出了山区孩子生活的困顿与艰辛。他的故事和歌声感动了现场所有人，观众和评委都表示，"有钱出钱，有力出力"地帮助那些孩子。

他就是刘寅，一个80后山区老师。他说："孩子们每天都吃土豆汤，没有营养，我想把我的专辑卖出去，让孩子们能吃上一顿肉。虽然，我能力有限，但是，我会尽全力去给他们留瓶知识之水，让他们即便在恶劣的环境里，都能看见幸福的希望。"

（邹峰）

我的青春如此富足

我十八岁时，当同龄人还在享受读书时光的时候，我毅然去了偏远的大西北当兵。

当兵的岁月，我有幸结交了天南地北的战友，获得了真诚而绵长的战斗友谊。当兵的日子里，我学会了怎样在烟雾缭绕的山岳丛林里辨别方向，学会了如何在沙尘肆虐的大漠里快速行进，学会了如何在冰冷刺骨的冰湖里武装泅渡，学会了怎样在野兽出没的高原寒区野战生存……

当兵的岁月，训练很累，日子很苦，成长也很艰难，每向前迈出一步都夹杂着艰辛与苦涩。但对于青春而言，如果在咀嚼苦涩中学会坚强，掌握应对人生困厄的本领，就是一件弥足珍贵的大好事。其实，当兵吃苦的过程，是思想成熟的过程，是积极向上的过程，是羽翼硬朗的过程，是内心丰盈的过程。正是有了这样当兵吃苦的经历，才会有深刻的人生感受，才会得到独特的人生锤炼。

我很庆幸，当兵的那些岁月，我通过自己的勤奋学习与努力进取，立了功，受了奖。当兵的岁月，我自学写作，发表了许多文章，出版了散发着墨香的文集，被誉为"战士作家"。我很庆幸，在当兵的那些岁月，自己没有闲置生命，没有虚度光阴，自始至终经受住了非同寻常的砥砺与考验，把梦想与辉煌融入一串串坚实的脚印中，把光灿灿的军功章一颗颗镶嵌在成长的青春相册里。

生命里有了当兵的历史，一辈子也不会忘记。正如一首军歌唱的那样：好男儿当当兵，不怕风吹雨打，无论海角天涯，肩上责任大……当梦想融入了当兵的岁月，青春就变得鲜活起来，并足以影响和激励人的一生。

在大自然的四季交替里，春雨滋润着大地的芬芳，夏花怒放出鲜艳的风景，秋风吹熟了饱满的果实，冬雪蕴涵起智慧的结晶。我的军旅人生，亦如这春之细雨、夏之艳花、秋之果实、冬之结晶的四季轮回。只有经历了完整的孕育过程，经历了完整的成长阶段，才可能怒放出青春的丰盈，散发出人生的芬芳。

我想，青春对于每一个人而言，都是那样的不可或缺，尤显弥足珍贵。一个人的青春时光，如果这个时候，还没有经历过重重困难的磨炼与艰苦环境的砥砺，也就失去了应有的光彩与鲜活。失去了光彩与鲜活的青春，还能算是一种丰盈与富足吗？

面对同龄人那些不同的富翁梦、明星梦、权贵梦，我反而更加庆幸自己的选择，在人生篇章的前言里，自己经历了坚强不屈的孕育过程，收获着如此光彩丰盈与富足的青春军旅，也一定能收获更丰硕的未来。

（孙华伟）

实在梦想里的大浪漫

梦想是个令人捉摸不定的名词。单从造字结构上来看，梦，二林加夕。这是否可以理解为夕阳落入林梢？如此说来，梦想是个极其浪漫的景象。

若干年前，在哈尔滨的一所中学里，一堂作文课。当老师把一篇名叫《我的理想》的命题作文布置给学生们时，同学们奋笔疾书，然后，一个个宏大的理想爬满了作文本，他们当中，有的想当飞行员，有的要做教育家，还有的要做科学家……在众多学生当中，只有一位与他们都不同，他的梦想很小，小到他的"梦想"刚一说出口，就遭到了大家的讥笑，他说："我想当一名拉煤工。"老师平息了学生中的小喧闹，小心翼翼地问，"能告诉我为什么吗？"他眼含着热泪说："我拉上煤车，妈妈就不会为过日子发愁了。"课堂里瞬间陷入了死一般的沉寂。

后来，这个男孩成了中国最棒的作家之一，他就是阿成。

多年来，我一直深爱着阿成的作品，他所写的哈尔滨，写的坡镇，那里的风物、那里的河流、那里的人情，还有发生在事物之间的或骨力刚强，或缠绵悱恻的故事，丰满而生动，透过阿成的作品，让我看到了一个人感情的厚实，还有从厚实的感情里衍生出来的大浪漫。每一部作品都是作家的孩子，作家的心灵是一片土壤，透过少年阿成课堂上的一个小小细节，让我读到了人性的温情和熨帖。

其实，有太多的大浪漫都是结结实实的，而非虚无缥缈。

我曾在合肥一家年代久远的"工农兵"商店见到过这样一个老人，他要买一双布鞋，千层底的那种。如今，随着物质生活的改善，十层底已经逐渐退出了市场，"千层底"养生，这点毋庸置疑，然而，大多数人都认为它不够好看。但是，我遇见的这位大伯不同，他千挑万选，终于选择了一双阴丹士林风格的布鞋，拿在手里左看右看，似有什么话要说。

服务员走过来问他，大爷，有什么问题吗？

老人发话了，能不能给我在鞋面上绣一朵红色的芍药花，我老伴儿特别喜欢芍药花。

这个还真不行，做成的鞋样就是这样的。服务员面露难色。

那……要是真有朵花，就好了……老人犹疑着，打算带着遗憾离开；这时候，"工农兵"的老板走了过来，喊住了老人，老板是一位年届五旬的女人，她问老人，我学过女红，若是我帮你绣一朵芍药花呢？

那太好了！老人喜出望外。

15分钟后，一朵嫣红的芍药花立在了鞋面上。老人千恩万谢，非要多给商店钱，他说，我找了这么多家商店，这下终于了却了我的夙愿。

老人付了钱，转身离开，商店老板眼角含笑说，多浪漫的老人，他的老伴儿一定很幸福。

商店里的服务员却一脸木讷，因为，在她们看来，浪漫一定是鲜花、美酒。

商店的老板说，俗世间的小小心愿，往往才是大浪漫藏匿的地方，你们不懂！

服务员们接着笑。

的确，很多人都不懂，以至于许多时候，我们骑着"马"，还在望眼欲穿地找"马"。

（李丹崖）

唯 有 爱

　　他被称为弗吉尼亚的数学天才。22岁就轻松获得了博士学位。在普林斯顿，他只发表了两篇论文，就奠定了他在数学界的杰出地位，而凭借其中之一，他成了1994年的诺贝尔经济学奖三位获奖者之一。

　　天才就是正常人眼中的疯子。他不善交际，鲜有朋友。他的室友"查理"，是他心灵上的朋友，每次有什么心事，他都会向"查理"倾诉。只有"查理"能明白他的内心。有一次，为了他的数学新理论他和导师大吵了一架，回到宿舍依然愤愤不平，气愤至极的他甚至一头撞向玻璃窗，头破血流，仍然难以平息内心的冲动，还是"查理"理解他，帮他把桌子抬起来从三楼扔向地面，听到哐的一声巨响，看到地上碎裂的木块，他们开怀大笑。他喜欢"查理的侄女"，那是一个天真可爱的大眼睛的小女孩，她的父母因为车祸去世了，她喜欢在草地上跑，喜欢牵着他的手，喜欢提各种问题……他还有一个"秘密"，那就是帮助五角大楼破译来自莫斯科的密码。这是一项涉及国家安全的工作，任何人都不能说。包括他的妻子爱丽莎。

爱丽莎是他的学生，是当年麻省理工学院物理系仅有的两位女生之一，是一个美丽的女孩。她被才华横溢、狂傲不逊的年轻教授吸引，并深深地爱上了他。虽然他不会说甜言蜜语，不会在她生日的时候按时赴约，不会送她昂贵的礼物，虽然他只会单刀直入地说我想和你结婚。而他说，有深度的人才能欣赏他。爱丽莎就具有这样的深度。

但是，现在，爱丽莎不敢相信他居然疯了。

她去他的实验室，发现墙上贴满了各种报纸，报纸上密密麻麻地圈满了数字。爱丽莎去古堡撬开年久失修的邮箱，取出了大量从未启封的信件。爱丽莎又去了普林斯顿，得知他从来就没有过室友，查理和他的侄女、国家机密，完全是他的臆想。

爱丽莎这时候正怀着孩子。而他才31岁，被送进了精神病院。

依靠药物治疗，他的病情有所好转，但是依然分不清梦幻与现实。他依然担心世界和平受到威胁，依然给各国政要写信，他觉得自己就是拯救世界于危难的英雄。虽然这些信从来没有到达过收信人的手中。

有心理学家说过，假如天才是一个人生活而没有人际关系，那么他势必会沦为疯子，因为一个人的心必须与其他人的心在一起，否则他的心就像失去锚的船，永远不能停靠。幸运的是，他有爱丽莎。

爱丽莎把他从医院接了回来，悉心照料。爱丽莎深知普林斯顿对他的意义。她把家搬到了普林斯顿附近，她和普林斯顿的师长联系，帮助他回到了熟悉的大学校园。刚开始有年轻的学子觉得好奇，跟在他身后模仿他疯疯癫癫的模样，肆意嘲笑他。他会发狂，他想放弃。爱丽莎劝他坚持下来。还有昔日的师友，他们会告诫那些狂妄的年轻的学子：你们这辈子也不可能成为他那样的杰出的数学家。图书馆的馆员会把自己的账户借给他，让他利用计算机。正是计算机让他慢慢从妄想中抽身而出，专注于他的数学研究。偶尔，他依然会看见他的"室友查理和他的侄女"，会看见"上司威廉"，他们就像他的影子，在阳光下追随着他。偶尔，他依然自言自语，或暴怒发狂。更多的时候，他强迫自己控制自己不去想不去看，忽略他们的存在。

一个平庸的人，他一定是活在俗世中，简单平凡。而天才，他的精神在云端，那是一般人难以企及的。天才就是生前不被人认可，而身后多年才被人所识。天才大多以悲剧结尾。而一个心智健全优秀的人会同时拥有俗世和云端。在云端天堂，他会疯狂；而在俗世，则会平庸。而他，终于从妄想走回现实，从云端回到俗世，他实在是幸运的。

是什么让一名严重的妄想症病人重新回到正常人的生活，同时也是一种智慧，而更重要的是爱，是爱丽莎的深爱。虽然爱丽莎在1963年和他离婚了，但是并没有离开他，仍然一直照顾他，让他重新回到普林斯顿就是爱丽莎的远见。在别的地方会被当成疯子，而在普林斯顿这个广纳天才的地方，他是一个天才。

这是一部关于天才数学家约翰·纳什的传记电影，《A Beautiful Mind》，曾荣获奥斯卡七项大奖。据说纳什看完后虽说有的情节与事实不符，但是，一位天才终于从濒临崩溃的边缘重回正常的生活，这不得不说是一个奇迹。

在诺贝尔颁奖台上，66岁的纳什说："我在事业上找到了重大的突破，在生活中找到了最重要的人，而爱丽莎，你，是我成功的因素，也是唯一的因素。"

爱，可以创造一切奇迹。也唯有爱，才能创造这样的奇迹。

（郑如）

托 付

　　周末，看一档电视征婚节目，既有趣又有爱，这种感觉很让人愉悦。一位帅气的小伙子出场了。在第一轮的提问里，有女嘉宾问：你的条件这么好，长得又这么帅气，为什么到现在还没有找到心仪的女朋友呢？小伙子顿了顿，说自己曾经有过一段美丽的爱情。

　　那是在他上大学的时候，他认识了她。两个人相处得很好，打算毕业后结婚。可是，就在毕业的那一年，女友得了一种极罕见的病。为了治好她的病，双方都付出了很大努力。但不幸的事情还是发生了。女孩手术后不久，病情再次复发，生命垂危。临走的时候，女孩拉着他的手说：我的爸爸妈妈就我一个女儿，如果我去了，我把他们托付给你，请你来照顾我的爸爸妈妈，好吗？小伙子郑重地点了点头。

　　在女孩去世的这几年里，虽然小伙子的生活也很辛苦，但他依然尽心尽力地照顾着女孩的父母，践行着自己接受的托付。可是，这却影响了他新的恋爱。他说，他希望他未来的女朋友，能和他一起来承担照顾女孩父母的责任。

他的故事感动了在场所有的人。最终，这个小伙子博得一女嘉宾的芳心，成功牵手。看着电视屏幕上牵手而去的小伙子和女孩，我的眼睛湿润了，想起了我的好友莺，一个娇小羞赧、美丽典雅、温柔孝顺的女孩。

　　婚后第二年，莺的老公忽然晕倒。送到医院诊断，竟然是尿毒症。一家人被惊昏了头，急匆匆地去北京治疗。临走之前，婆婆拉着她的手，说：孩子，我这个儿子就托付给你了！莺看着老人家沧桑的布满愁云的脸，泪水唰地流了下来，说：您放心吧！

　　经过一段时间的治疗后，仅靠透析已不能解决问题，只能换肾了。几经周折，换肾总算取得了成功。等老公的病稳定后，公婆的情绪再次波动了起来，开始了新一轮的哭泣和担心。莺明白，他们是怕自己离开他们唯一的儿子，毕竟结婚只有一年，且没有孩子。老公也很明白自己的病情，于是向莺提出了离婚。莺看他一眼，什么也不说，默默地做着自己该做的事。其实，劝他离婚的，不仅仅有她老公，还有亲戚朋友。但莺咬咬牙，说：既然嫁给了他，接受了老人家的托付，不管结果如何，我是一定要走下去的。

　　后来，在莺的照顾下，老公的病情一直很稳定。更令人高兴的是，他们还生了一个健康可爱的宝宝。这期间，她吃了多少苦、受了多少罪，不得而知。但重要的是，如今，他们一家三代幸福地生活着。

　　都是因为爱，因为责任，义无反顾地接受了一份托付。虽然，这托付显得沉重了一些，甚至还会伴随着疼痛，却是人世间最贵重的珍宝！

窗台上那盆旱荷，也是让我费了心思的，浇水、剪枝、授粉……它灿烂地盛开着，如此明媚。那是调离的同事托付我的，她说，唯独给我，她放心。我笑了。是的，这托付似乎琐碎了一些，也真的有些累，但无论如何，都有一些欢喜在其中。原来，受人之托的感觉、被人信任的感觉，可以这么美好。

（谷煜）

如何建立不可撼动的自信

假设有两个具有相同技能的人申请同一份工作，你会选择那个缺乏自信的人吗？当然不会。很简单，积极的自我感觉能改变人生。哈佛商学院教授、畅销书《自信：成功与失败性格的来龙去脉》的作者罗莎贝斯·莫斯·坎特博士对自信的定义让我们看到它的本质："自信是对积极结果的期待。"坎特说："事实上，信心让你愿意更努力地付出，并吸引他人的支持，使'赢'成为可能。"

如果你像大多数人一样，也能通过激励快速提升自信，希望下面这些方法能令你在今后的工作、生活中更加有所作为。

一、脚趾和肩膀的测试

早在20世纪60年代，哈佛大学研究员罗伯特·罗森塔尔曾做过这样的研究，如何能使人们成功，答案是仅仅把他们标示为成功就可以做到这一点。一群学生通过抽签被随机分成两组，一组被标示为"有潜力的学生"，而另一组是"没有潜力的学生"。结果，那些被标示为有潜力的学生迅速成长，有更出色的表现。

在日常生活中，信心体现在身体语言、举止风度和环境等方面。波士顿凯尔特队的总经理克里斯·华莱士使用"脚趾和肩膀的测试"来判断篮球运动员是否更有可能获胜，运动员是脚趾紧扣地面还是踮起脚尖、肩膀是松弛下垂还是高高耸起——所有这些都表明他们是否真的完全专注于比赛。

坎特经常建议公司主管们，在生意失败后，提升员工士气的第一件事情是：重新粉刷工作场所。这是另一个标示你成功的途径。"环境激发人们达到高标准，"她说，"不要以为你做一个漂亮发型和穿一套时髦服装是无关紧要的小事，你做这些不是炫耀给他人的，而是为成功建立信心。"

二、让大脑接通积极的声音

跟自己讲加油打气的话，把积极的声音保存在你的脑海中，这很重要。坎特说："我发现，运动员在比赛前会自言自语，让大脑接通积极的声音。"

"如果我感觉将要进入消极的状态，"坎特说，"我会努力不让坏情绪表现出来，我会微笑，会比平时更卖力工作，积极地行动。"

也许让自己保持自信最重要的方法永远都是：练习、练习、再练习。尽管坎特已经是一位有多年经验的王牌咨询顾问，但她仍然承认自己"总是为演讲作非常充分的准备"。她建议其他人也应当如此。她最近去印度为公司主管作咨询。"为了准时到达，我提前两天离开，"她说，"那两天，我所做的事情几乎全都是练习。在飞机上，乘务员和我讲话我都没听见。"

三、不带汤匙起飞

避开消耗你的能量和降低你的自信的人，像爱抱怨爱批评的悲观主义者，要绕开他们，与那些能看到你的最佳状态并时常提醒你达到好状态的人在一起。特别是在工作中，你要远离批评，把不抱怨变成自己的原则。

自信的人有责任感，能果断行动让事情朝着良好的方向发展。"我很喜欢一个来自大陆航空公司的故事，"坎特说，"大陆航空公司的老板希望每位员工帮助他达到确保飞机准时起飞的目标。一天，一位乘务员发现，因为餐饮部没有提供汤匙，所以飞机延时了。她把这当成了自己的事情，她说：'好吧，我们无论如何得起飞了，我会向乘客做出解释。'这里，她展现出的敢于负责任的自信，因为她知道周围的人是会支持她。"

四、失败后不放弃

在失败后我们要尽快回到"赛场"上，重新建立自信。"不要抱怨或者护理你的伤口。"

需要提醒的是，失败的恐慌会产生一些小过失，让你失去理智。"如果你遭遇了惨重失败，那就要给你自己足够的调整时间，"坎特强调，"不要否认伤痛或想立即解决问题，而要转向周围的朋友寻求支持。不要一个人干坐着思索，你可以打电话给朋友询问是否可以一起去散步或者吃饭。"

五、不吝啬你的赞扬

坎特为公司主管作咨询时，她强调认可和赞扬的重要性："老板有两面：大事业和人情味，他通过认可和赞赏员工，会在公司的成功与员工的自信上做出奇迹。"

认可本身不需要大举措，但确实需要诚恳。汤姆·麦克劳在执教休斯敦太空人队时，他许诺奖励持球突破成功的队员100美元。"比赛结束后，年薪百万美元的球员就追着我要那100美元奖励。"他说。关键不在钱本身，而是钱是对球员贡献的认可。美国大陆航空公司也以同样的方法取得成功。有一年，公司决定，如果他们取得准时到达排名的前四名，就奖励每位员工65美元。结果不说自明，航空公司的业绩从第七位升至首位。

"找到别人身上的优点，告诉他们你对他们的感觉。"分享别人的成绩会令你愉悦。甚至在婚姻中也是如此。"我丈夫总是很快乐，尤其是早上。我告诉他，当我感觉不开心时，看到他醒来时的笑脸对我是多么重要。这是一件小事，却让我们的关系33年来一直保持稳固与亲密。"

六、记住坎特的法则：每件事在中途看起来都像失败

成功往往是坚持的结果，当你的目标看起来不能达到时不要放弃。"如果你的态度是做某事会令它改变，这就是信心，"她说，"思考一下你所处的位置并把它当成中点。故事还没结束呢——很多体育迷都了解这一点。"

2002年12月29日，基科·维纳特瑞帮助新英格兰爱国者队以27比24击败迈阿密海豚队，在终场前最后一秒，基科在42码外射门得分，而那时许多观众已经从座位上站起来准备退场了。一个球迷就此事评论说："直到基科射门，比赛才算真正结束。"

当然，有时自信也需要现实来调节。如果你过分相信自己，就会轻率不谨慎，以致做出愚蠢的事情。所以你要明智地运用自信，迈出你成功人生的第一步。

（莎莉·寇丝罗　班超）

尊严——至高无上的精神瑰宝

　　八十多年前的一个冬天，美国加州沃尔逊小镇上来了一群逃难的流亡者。这些人经过长途跋涉，都显得疲惫不堪。善良、朴实而好客的沃尔逊人，家家烧水煮饭，热情地款待这些流亡者。人们给一批又一批的流亡者送去饭食，他们个个狼吞虎咽，连一句感谢的话也来不及说。只有一个人例外，当镇长杰克逊大叔把食物送到他面前时，这个骨瘦如柴、饥肠辘辘的年轻人问："先生，吃您这么多东西，您有什么活儿需要我做吗？"杰克逊说："不，我没有什么活儿需要您来做。"这个年轻人的目光顿时灰暗下去了，说："那我便不能随便吃您的东西，我不能没有经过劳动便平白得到这些东西！"杰克逊想了想说："我想起来了，我家确实有一些活儿需要您帮忙。不过，要等您吃过饭，我才给您派活儿。""不，我现在就做活儿，等做完了您的活儿，我再吃这些东西！"那个年轻人说。杰克逊想了一会儿说："小伙子，你愿意为我捶背吗？"说着就蹲在地上，那个年轻人便十分认真而细致地给他捶背。捶了几分钟杰克逊便站起来说："好了，小伙子，你捶得棒极了。"说完遂将食物递给那个年轻人。后来那个年轻人就留下来在杰克逊的庄园干活，成为一把好手。两年后，杰克逊把自己的女儿玛格珍妮许配给了他，且对女儿说："别看他现在什么都没有，可他百分之百是个富翁，因为他有尊严！"果然不出他所料，二十多年后，那个年轻人有了一笔让整个美国人都羡慕的财富。这个年轻人就是赫赫有名的美国石油大王哈默。哈默穷困潦倒之时仍然自尊、自立的精神，赢得了别人的尊敬，也维护了自己的尊严。

什么是尊严？词典上解释是尊贵庄严，可尊敬的身份或地位。尊严独立而不可侵犯，是一种高尚的人格，是不卑不亢的境界，是不吃"嗟来之食"的风骨，是"富贵不能淫，贫贱不能移，威武不能屈"的精神。一个人如果没有尊严，就等于自己不尊重自己，就等于没有灵魂而只有躯壳，尊严不能简单地理解为面子，等同于脸皮，尊严更多地表现为一种自尊心，一种价值观，一种责任感，是一种不依附于他人自立于人世的不屈不挠的奋斗精神。所以，人们把尊严视为至高无上的精神瑰宝。一个人有了尊严，才能挺起脊梁做人，堂堂正正做人。没有财富可以用双手和智慧创造财富，没有权利可以用法律手段争得权利。但是，一个人如果没有了尊严，那就什么也没有了。不但自己变得卑微渺小，还可能危害社会，那是多么可悲呀！

中华民族是一个十分讲究尊严的民族，十分推崇"气节""操守""志气""骨气"。古往今来，多少仁人志士为了维护这神圣的尊严，创造了无数英勇壮烈的事迹，留下了多少可歌可泣的言行。他们宁愿站着死，不愿跪着生，用自己刚直不阿、铁骨铮铮的血肉之躯，谱写了一曲又一曲的"正气歌"。春秋时期，有一年齐国发生特大灾荒，富人黔敖为表示"仁爱"，在路边摆设食物施舍灾民。这天，有个饿得满脸菜色、有气无力的人用袖子遮着脸，昏昏沉沉地走过来。这时，黔敖一手高举食物一手端着汤水，向那个灾民吆喝道："喂，来吃个饱吧！"那个人听到这无礼的声音，猛然抬头轻蔑地说："我就是因为不吃这种'嗟来之食'（侮辱性的施舍）才饿成这个样子。"黔敖听后忙向他道歉，但那个人终因不肯吃他的食物而饿死。这个灾民宁愿以死来捍卫自己的尊严，其行为是非常高尚、难能可贵的。宋代名将杨业，为国家血战沙场，后不幸被辽军所俘，辽国用尽各种威逼利诱的手段，但他始终不肯屈服，终于绝食而死。他为国捐躯的崇高气节，不仅使宋军将士油然而生敬意，甚至也使辽国军民感到由衷的钦佩，还为他立祠纪念。以致后人写诗称颂他"驱驰本为中原用，尚享能为异域尊"，"威信仇方名不灭，至今遗俗奉遗祠"。晋代大诗人陶渊明，从小就有"大济苍生"之志，无奈官场腐败，报国无门，又常要降志与官场人物周旋，使得陶渊明心中痛苦不堪。有一日，郡里派人检查公务，要求陶渊明送礼备肴。县吏劝他照例送礼，他气愤地表示："我岂能为此向百姓搜刮财物，又岂能为这五斗米向那乡里小儿折腰！"当天他便解去印绶，辞官归家。他宁可丢官弃薪，去过躬耕田亩的清苦生活，也不愿趋炎附势，与贪官污吏同流合污。这种"不为五斗米折腰"而维护自己尊严的高洁品格，自然为人们所仰慕。再如，林则徐不畏英人船坚炮利，断然销毁不法英商的大量鸦片；闻一多拍案而起，面对反动派的手枪，宁可倒下去而不肯屈服；来自清宁可饿死，不领美国的"救济粮"。再如李大钊、方志敏、吉鸿昌、杨靖宇、夏明翰……正是他们的高风亮节，维护了自身和民族的尊严，成为人们学习的榜样，做人的楷模。

尊严不是某些人的专利。在社会生活中，尊严对每个人都是十分重要的。但是，有些人在权势面前，在金钱面前，在富贵利禄面前，往往经不住名与利、生与死的诱惑和考验，以致丧失人格、国格，做出有失尊严的丑事来。如：有的人认为当官的高人一等，于是不遗余力地给上司吹喇叭抬轿子；有的人认准仕途荣耀，便处心积虑地去"密切联系领导"，去攀龙附凤摇尾乞怜；有的把权力作为捞取金钱与享乐的手段，大肆贪污受贿，"脸不变色心不跳"；有的在歪风邪气面前，不敢坚持真理，挺身而出，而是迁就退让，以致与其同流合污……所有这些，都同"尊严"相距十万八千里，都为世人所不齿，都会遭到历史的唾弃和惩罚。我们要向那些仁人志士学习，崇尚尊严，维护尊严，为了维护个人和民族的尊严，要不屈不挠，勇往直前，哪怕是流血牺牲也在所不惜。

（赵化南）

爱，令死神却步

　　1996年3月28日，一个平平常常的日子，可这天对吉林省农业学校农学54班学生王会超来说，却是个让他近乎绝望的日子。他怎么也想不到死神竟离他那么近，几乎再伸一下手就会扼住他的喉咙。

　　那天，他突然发现死神正向他走来。

　　今年24岁的王会超，身体挺壮实，家住在吉林省榆树市先锋乡中安村。他是班级篮球队的主力队员，同学关系也很好，还在校学生会担任生活部副部长，1994年他以474分的分数考取这所农校。这是最后一个学年的第一学期，细心的同学发现他眼角有些倾斜，他的学习成绩也在下降，上学期期末考试，有一科竟然没及格！他总说头痛，班主任郭树义老师催促他去看病。1996年3月28日他来到吉林市附属医院一检查，他得了"脑干胶质瘤"，瘤长在中脑脑干上，已有鸡蛋黄那么大了，医生说，如不及时手术，将造成失明、下肢瘫痪直至死亡。

　　死神就这样悄悄来到王会超身边，而王会超竟然没有察觉。

　　生活就如一片森林，那森林里不光有鸟语花香，也有致人死命的沼泽。王会超偏偏踏入了这致命沼泽不能自拔，他多么迫切地需要得到帮助呀！

父亲对儿子说：就是砸锅卖铁也得治好你的病！

王会超的父亲叫王文芳，50岁左右，一个老实巴交的农民。当他听说儿子得了脑瘤时，感到如同晴天霹雳，他不相信这是真的，又领着会超到另家医院做检查，结果同以前的诊断一样。在北京天坛医院医生还告诉他，开颅手术割除肿瘤，住院押金得三万元。王文芳大吃一惊，三万元，对他来说，这简直如一组天文数字，他一年辛辛苦苦赚来的几个钱仅够会超他们三个子女读书，他到哪去弄这三万元巨款来给儿子治病呢？让他干活、流汗甚至为儿子去死都行！他真希望病的不是会超而是他自己。换上自己就不去治了，反正也这么大年岁了。命运怎么非得这般安排？几天里他苍老了许多，难道真要发生白发人送黑发人的悲剧？活生生的儿子真的要被万恶的死神夺走吗？他横下心来，对儿子说："会超，你别担心，咱家就是砸锅卖铁也得治好你的病！我回去先把房子、牛卖了再找亲友凑凑，你先回学校……"王会超知道，那房子、牛是庄户人的命根子，都卖了，家里怎么过？王文芳说："没事，先搬到你姑姑家去，治好你的病再说！"

王会超的父母在厄运袭来时，没有退缩，而是勇敢地承担起做父母的责任。

王文芳回家后，和妻子商量卖房子卖牛凑钱给王会超治病的事。

他们的遭遇，牵动了村里亲友和乡邻的心，他们聚到王家，取得一致意见：大家凑点钱，没有的借点，利息由自己还，借给王家的钱待以后王家有了再还。几天后，王文芳忍痛把全家费尽千辛万苦盖起的三间砖房卖了，农村房价低，才卖了8000元。那头大牛卖了2000多，小牛卖了1500，还有猪……加上亲友和乡邻凑上来的钱，总共不到两万元，王文芳马上通知会超，现在钱还差一万多了。

王会超的母亲说：这回王会超可有救了！

王会超回到班级后，同学们得知他的手术费用高达3万元，又得知其父正在家卖房、卖牛的情况，好多同学偷偷地哭了，大家和班长、班主任的意见不谋而合，一致同意捐款。5月5日班里发出向王会超捐款的倡议，43名同学，这个100，那个50，当晚就捐款4050元，郭树义老师一下就掏出200元。接着同学们又给全校师生写了一份倡议：奉献爱心，挽救生命。倡议中介绍了王会超的病情和遇到的困难以及农学54班师生捐助的情况，倡议书张贴出去后，立刻在校园内引起了反响。伙食科最先行动捐来680元，农学56班捐来1156元，王会超的榆树籍同乡捐来3000元，学生会捐来260元……

捐助活动马上受到学校领导的高度重视，李伟青校长召集会议，对这种勇于奉献的精神予以肯定，并号召全校师生员工以实际行动奉献爱心，救助王会超。

短短几天：全校师生员工为王会超捐款达到高潮，全校2700多师生员工，中层以上领导最少捐款50元，师生员工捐5元、10元、

20元……纷纷以捐助来表达发自内心的真情。学生中捐款最多的是会统15班学生韩冰，捐了200元。各学科、各部门纷纷把捐款汇集拢来：农学、牧医、液化气站、园艺……到5月14日捐款已达27000元。

5月14日，学校通知王会超的父母来参加捐赠仪式，当时，老两口正为筹借那一万多元一筹未展，对面而泣。当刘艳明副校长手捧着盛满人间友爱的27000元捐款的红纸包交到王文芳手中时，这位老农哽咽了，他嘴唇翕动，好半天，才说："谢谢，谢谢。"这时，王会超的母亲泪流满面从旁说道："今天这个日子我家终生难忘，我代表全家及亲友对农校师生无私奉献表示衷心感谢。老师就是王会超的再生父母，同学就是王会超的姐妹兄弟。王会超这个病，要在旧社会就没救了，没想到大家送来这沉甸甸的救命钱，这种事只有社会主义才会有，这回王会超……有……救……了，"在场的人无不热泪盈眶。

是啊，这何止是27000元钱，这里面，沉甸甸的是人间的友爱，情切切的是农校师生员工的心意，多少情多少爱浓缩于此凝聚于此，它足以使奇迹再生令死神却步。

人们不会忘记，为了救助王会超，发生的那些动人情节。

伙食科长汤宝林这样说："奉献爱心捐款不在钱多少，而在于让人感到温暖，一人有难众人帮，社会就会充满爱。"在他的带动下，这个才有15名正式职工的部门竟然捐款680元，有些临时工才挣160

元的工资，也都纷纷慷慨解囊。

退休工人张木彦，患脑血栓多年，行走不便，说话吃力。他工资低，生活困难，别人劝他就不用捐款了，他吃力地说："我……也是病人，生病的痛苦我知道，捐多……少，就这点心意吧。"他翻遍全身，摸出身上仅有的 5.30 元，用颤抖着的手交到校离退休办主任梁代新手中。

离休干部苏惠莲，家离学校很远，那天偶尔来校往回走路上听说全校师生正为王会超捐款的事，急忙返回来捐了 20 元。

农校的学生绝大多数来自农村，可问到为王会超捐款的事，没有一个不认为：谁没有遇到困难的时候？现在王会超遇到生命的危险，我们怎能见死不救？

有两位吉林省纺织工业学校的学生，来农校看望同学，见到倡议书，不觉为之动情，二人商量一下，一个拿出 50 元，一个拿出 10 元，仅留下返回的车费，他们没留姓名，只请农校的同学转给王会超。近日，纺织学校团委、学生科的同志协助记者挨个班级查问，可那两名同学就是不肯站出来……

一幕幕感人肺腑，催人泪下的情景令人回味，写下一个个浸透爱心的故事。

记得 5 月 14 日当晚，王会超和他父亲，还有班长宫涛将赴北京，朝夕相处的同学要分别，同学们此时心情格外激动，他们知道王会超此去是经历一场生与死的考验，开颅手术，摘除部位很深的脑瘤，生死未卜。医疗费用解决了，可他还面临手术成功与否的考验。郭老师本想让全班来个集体照，又怕王会超产生思想压力，不照吧，一旦手术不成功那时多么遗憾？同学见老师犹豫，就三三两两拉王会超拍照，这是一组生离死别的镜头，可大家还得强作欢笑，尽管心中在流泪。王会超此时也百感交集，不过他显得很轻松，可他内心却在说："同学、老师，有你们的爱心奉献，有你们的激励，我会好好回来的，你们放心吧！"

6月24日，死神对王会超说：再见。

5月16日，王会超等来到北京，入天坛医院，直到6月23日早8点才由我国著名脑科专家70多岁的老院长王忠诚亲自主刀，进行手术，下午1点手术做完。王会超昏睡到24日晚，终于清醒过来。王文芳动情地抓住儿子的手说："儿呀，你醒了，到底醒了，这回可好了！"徘徊在王会超身旁三个多月的死神终于告别了他，王会超得救了！王文芳此时想到的第一件事就是马上通知农校。因为那里师生正等好消息呢！郭树义老师和同学们在焦急中突然听到王会超手术成功的消息，班级顿时沸腾起来。

人间真爱唤回了王会超！

不仅农校的广大师生员工在热切地呼唤他，还有许多社会上的好心人在关切着他，有熟悉他的，也有和他素不相识的，他们纷纷伸出友爱之手，为挽救这个年轻的生命而竭尽全力。

王会超是5月16日入院的，因为要等王忠诚院长赴美归来，一直到6月23日才动手术。这期间以及手术后，他得到了吉林省政府驻京办事处领导和工作人员还有他中学同学杜晓秋的关照。后来办事处主任许家声同志得知此情况后，多次去医院看望，并帮助联系床位，安排王文芳食宿，让王家父子体会到祖国处处有亲人的滋味。

医生、护士都给予他更多的关怀，有事没事经常来王会超床前跟他说话，唠家常。病友中有个老太太，常常疼爱地对王会超说："孩子，你可不能心烦，你就总想我这病没什么要紧，好了后就回家了，你才能有底气才能治好病。"来自这些素不相识人的关心，使王会超进一步体会到不是亲人胜似亲人的情谊。这些情与爱，使他激动不已。他在病愈后的1996年11月8日写给农校广大师生员工的感谢信中说："我拥有了同别人一样的健康身体，我很激动，因为我得到了人世间最宝贵的财富——真情；我也很幸运，因为我有病的时候，有千百双关注我的眼睛。此时此刻，所有的语言都显得苍白无力了，但我很想对每一位教师同学说：今后不论怎样，我都不会悲哀，即使身陷茫茫沙漠，还有希望的绿洲存在。我的健康来之不易，是农校的领导、教职员工、广大同学和那些社会上我熟悉的和陌生的人以爱心帮我战胜病魔的结果。"

是的，在生活的大森林中，王会超曾陷入致命的沼泽，就在他即将遭受灭顶之灾的时候，许多人伸出援助之手，硬是把他拉上来，使他脱离了险境。在他发现病情到9月22日出院病愈，王会超尝到了人世间最为宝贵的甘露。

校长李伟青对这次捐助活动给予很高评价："这次捐助活动不仅仅是救人一命，而且是对全体教职员工和学生进行的一次很有意义的思想教育。对于教育学生如何做人、如何关心他人，团结互助，形成凝聚力，对于社会主义精神文明建设，促进良好的社会风气形成都有一定的现实意义。"

　　生活的大森林是美好的，它有花的长廊绿的海洋，有鸟的合唱泉的鸣响，它让人时时感到生活的欢畅，它有着感召人们奋发向上、团结友爱、贬恶扬善的主旋律。虽然它也时不时地出现一些致命的沼泽，但这一点儿也不会影响整个生活大森林的美；虽然时不时也有个别人在陷入沼泽的人身旁高喊："先拿钱，再救人，"但这毕竟只是一种杂音，与生活大森林的主旋律格格不入。在生活的大森林中所见最多的是人们在奋力挽救落入沼泽的人，这动人心魄的情景常常合奏出"爱的奉献"的赞歌，与生活大森林的主旋律合拍。死神不会因为生活大森林的美好而不降临，可它会在人间真爱面前却步！

　　爱心奉献使王会超年轻的生命得到挽救的事实证明：

　　生活中即使出现沼泽也并不可怕，可怕的是人间没有了真善美。生活中不能没有真爱不能没有互助不能没有善良不能没有精神，有了它们，生命之树常绿，死神也会却步！

（李晓峰）

诚实守信最可贵

中国传统文化曾把"礼"视为立身之本，而《礼记》又将"著诚去伪"视为"礼之经"。由此可见，"诚"是中华民族传统道德的重要组成部分。

具体地说，"诚"对每一个生命的个体而言，指的是一种发自内心的真诚感受，是我们心灵深处的主观意志。把这种主观意志表现出来，升华扩展到处世之道，指的则是对待他人信实无欺，胸怀坦荡。

"诚"首先是人类良好道德的自我约束。什么外在的力量都不能强迫一个人必须诚实，但一个人诚实与否，却是衡量这个人人品好坏、修养高低的一个重要标志。那些诚实守信的人常常会受到人们的尊重和爱戴，相反，虚情假意、表里不一的人往往遭到人们的不屑和唾弃。

对于一个人，"诚实"的品质并非与生俱来，它需要通过后天的努力才有可能获得。在当今，几乎世界上所有的国家都把"诚实"作为青少年教育的一项重要内容。甚至在国际上的很多跨国公司、大企业，都把诚实与否作为招收新员工的一个严格标准。

一旦我们拥有了诚实守信的优良品格，这笔财富就会伴随我们的一生。我们都听过这么一个故事：科学家牛顿在小的时候曾不小心用斧头砍倒了一棵父亲心爱的樱桃树，当他的父亲问起这件事时，牛顿告诉父亲是他砍的。父亲听了以后，并没有责怪他，反而表扬了他这种敢于承担责任的勇敢和诚实。正是由于具备了这种优秀品质，才使牛顿在科学探索的道路上孜孜不倦地追求真理，成为一代科学伟人。

为人诚实，它往往要求我们即使是在独处之时，也依然做到诚实笃信，切莫自欺。古人强调"君子必慎其独"，从而做到"诚其意"。君子和小人的区别，就是看他们在独处时还能不能做到表里如一、真诚如故。

当然，仅仅把"诚"作为修身自省来看待是远远不够的。要知道，个体生命只是群体社会的一个细胞而已，他不可避免地要与他人发生联系。所以，我们还必须把"诚"推及他人，以此来制约自己在社会上的一举一动，来妥善地处理、协调好我们与他人的关系。良好的人际关系可以使我们的生命、工作都笼罩在融洽的氛围里，使我们身心愉快。

"朋友应说真心话，待人以诚一片心。"人的一生一世，不能没有朋友，没有朋友的人生是寂寞的人生，而没有知心朋友的人生更是遗憾的人生。在茫茫人海中，谁和我情同手足，谁又是我的红颜知己？人们寻找真心朋友的过程，其实也是一个证明自己的过程。

无论在什么时候，只有以诚相待，以心换心，才可能拥有真正的友情。因为朋友是"另一个自己"，只有把自己真实的一面展现给朋友，才能从朋友身上看到另一个自己，友谊也才能长久。那种表面好像很亲密，在背地里却相互利用的酒肉朋友，因为缺乏真正意义上的信任，一旦一方的利益受到损害或相互利用的关系不存在了，双方很快会变成陌路，甚至反目成仇。

同样，纯洁真挚的爱情也只可能在两颗诚实的心灵中间产生。无论是一见钟情也好，马拉松式的恋爱也好，男女之间心灵的碰撞都不可能只是建立在一方无谓的付出上面。许多由人的主观因素酿成的爱情悲剧，大都是因为一方的无端猜疑造成的。当两个人不能同时付出真情的时候，恋情会因为蒙上一层面纱而模糊不清，使相恋的双方欲罢不能又痛苦万分，最终以悲剧告终。像著名女作家方方的获奖小说《桃花灿烂》，说的就是这样一个故事：星子（女主人公）对牺（男主人公）既依恋又防范，既想获取牺的爱情又不想让他轻易地"得到自己"，在这种矛盾心理的作用下，造成了一个现代的"梁祝"悲剧。

恋爱是这样，婚姻也是这样。维系一个家庭的幸福、一份婚姻的完美，以诚相待同样是最为重要的因素。这就要求我们以一颗诚挚的心对待我们的婚姻，对待我们的爱人，当你用真心呵护你的家庭时，你会发现家庭这个"避风的港湾"赋予了你充沛的精力、愉快的心情和一个完满的人生。

因为商场上对手间激烈的竞争和变幻莫测的风云，使很多人不惜牺牲他人的利益去获取自己的利益，商场上人与人之间的诚实似乎越来越难做到。而实际上，依靠欺骗获得的钱财只是短暂的利益，甚至是昙花一现的，并非长远利益。当客户或合作伙伴受骗上当，他们醒悟之后更多的是愤怒，这样和他们的关系就不会长久。所以才有了"诚招天下客，和气能生财"这样的古训。正是由于人际关系的纷繁复杂变化无穷，才更使得以诚相待成为商海竞争中一种极为重要的武器。因为只有诚实守信、童叟无欺，才可能建立良好的商业信誉，也才可能获得良好的经济效益。在硝烟弥漫的现代商战中，越来越多的商人认识到"信誉"二字的宝贵，很多大公司都把对客户、对合作伙伴的竭诚守信作为经营的宗旨，以树立企业良好的形象，"金字招牌金不换"说的就是这么一个道理。

西方哲人培根说："没有一种罪恶比虚伪和背义更可耻了！"那些缺乏诚实品德的人，背信弃义，到处招摇撞骗，犯下不可饶恕的罪行。似乎他们在某个时期可以达到目的，但纸终归是包不住火的，"若要人不知，除非己莫为"，再巧妙再工于心计的欺骗，也依然是欺骗，因而也就注定了迟早要被人们所唾弃，受到良心的谴责乃至法律的制裁。而且，正如"狼来了"那则著名童话所揭示的，行骗者往往是搬起石头砸自己的脚。

"如烟往事俱忘却，心底无私天地宽"，以诚待人更是一种人生的高度。

人的生命只有一次，即使再伟大的科学家也不可能使一个人的生命重复两次，世界上也没有长生不老的人，正是在这个意义上我们说"寸金难买寸光阴"。人们没有返老还童和投胎再生的秘诀，但是人们却可以使自己唯一的一次生命坦荡无悔、光明磊落，拥有一个潇洒来去的人生。

人生一世，如果能够抛弃杂念邪想，能够以诚待人，就可以达到天宽地广的人生境界。财富、名誉、地位其实都是过眼烟云，在人短暂的生命里，它们又算得了什么呢？依靠欺骗获取的名利更如粪土般肮脏和卑劣，很多权钱交易的行径一旦败露，伪君子们被剥去了伪装，落个身败名裂的下场。

我们中的很多人可能一辈子都做不了伟人，即使这样也不要感到有什么缺憾，因为只要我们心如磐石、诚实可信，我们就可以成为高尚的人；如果我们做不了成功的人，那么就让我们先做一个努力的人。

可能我们注定会一生平凡、默默无闻，但做一个顶天立地、问心无愧的人不是也挺好吗？即使偶尔受骗，我们也依然能够"宁可人负我，切莫我负人"，坚持真诚不动摇。

"精诚所至，金石为开。"只要注意提高道德修养，以诚实无欺作为人生的准则，坚持以诚待人，我们就不但可以使自己的个体生命焕发出绚丽的光彩，还可以推动整个社会健康地向前发展。

（阿宁）

一念之间

在菲律宾发生的恶意绑架劫持港客旅游大巴事件刚刚尘埃落定，震惊愤怒之余，于微博上看到一条新闻：被歹徒释放的那母子三人，他们其实并不是真正的一家人。

事实上，这个妈妈只有一个孩子。可是，就在被歹徒勒令可以下车的那个瞬间，她的手，同时抓住了就近的另一个孩子。她说：这也是我的小孩。

接下来的画面，我们可以在图片上看到，一个战栗恐惧的女人领着两个孩子，跟跟跄跄地走下旅游大巴。

微博上，很多人热赞，这个妈妈是个伟大的女人。看到这个新闻的一瞬，我的眼睛湿润了。我当然也认同这个女性的伟大与机智，可从更深的层面来说，我亦知道，如果不是这个突发事件，或许这个妈妈，一辈子就是一个平常的女人。工作上有烦恼，家庭里喜欢唠叨，甚至在熟悉的人眼中，她身上还有更多的缺点和不足。

但是，在生死攸关的一瞬间，这个女人，恐惧的内心没有完全被自私和逃命所充满。在她的眼中，自己的孩子是一条性命，他人的孩子，也是一条性命。这感同身受的爱，让她伸出了那只充满仁爱光辉的手。从此，一个新的有关伟大的故事，感动温暖了这个世界。

其实，很多的伟大，只是一念之间的事情。就像璀璨的明珠，更多的时候深埋在尘埃中，但在电光火石的一瞬间，大忠大义的抉择来了，它们顷刻间便做出散发光华的选择，于是照亮了广袤的人间。

但是，也有太多人，败给了那从天而降的"一念"。

前不久，一个相识的朋友，突然被警察带走了。

众人皆惊讶无比。这个朋友，素来寡言少语，与人交往，也算厚道，是个本分的人。真相很快揭开，原来是肇事逃逸。他驾车外出，午夜时分，撞飞骑摩托车的一对父子。本来立即送伤者去医院还有救，可是，他在那个瞬间想到的不是危在旦夕的两个生命，而是一旦事发，自己将要遭受怎样的惩罚。

接下来，他做出了一件让所有人瞠目结舌的举动——将两个伤者，丢弃在乱草之中，然后仓皇逃窜。

一天后，那两具因为失血过多而死亡的尸体，被人发现。报警之后，警察很快找到了肇事的他。

原本只是普通的交通肇事案，可是，因了那片刻的恶念，这个人，亲手毁了自己的一生。囹圄之灾尚在其次，更纠结的是，无论何时回想起那一幕，他都无法控制良心的谴责与愧疚。缘于此，法庭上他涕泪横流地忏悔：那一隙的恶念，让我彻底跌入深渊。我多想时光能够倒流重新做个选择啊。

只是，时光如何能倒流。

所以智者有言，一念虽然看似微小如尘埃，可是，当交汇了恶的种子后，尘埃亦如压顶的泰山，带来的是覆灭之灾。而我们也的确见过太多光华亮丽的人生，看似盛隆无比，却在一念意起之时，毁于了旦夕。

一念之间，大恶如山倒，他惊慌失措，放弃了公平、正义，屈就了自私、贪婪与放纵。一时或可侥幸，但真相终究要水落石出。之后，人生如乱棋，纵然面上维持得水波不兴，可是内里的愧疚与不安，良心的拷问和自责，终生都会如影随形。

而另外的一念之间，大善如春风浩荡，临猝变，你亦惊恐不安、满心慌乱，但最终，大义和良善占据了上风，硬着头皮冲上去，该承担的责任承担，该面对的面对。或许，也会有疼痛和纠结，但是，最起码，良心可以永远坦荡通透。

红尘浩渺，人若蝼蚁，渺小的我们可能无力阻止无常的命运铁蹄滚滚而至，但有一点却完全可以做到：那就是在无常的漩涡中，时刻秉持安宁无愧的心灵。

如今的世人，以蜂拥寻找世外桃源的圣地为乐，拥趸灵修与静心。我却素来相信那句话，大隐隐于市。真正要修行自身，场地其实只是眼障，因为世间万念，都在小小的内心宇宙间。喧嚣的江湖中，四处欲念丛生，如果能在这样的芜杂中寻得真清净，那么人生的大圆满，也就不远了。

一念起，一念灭，缘起缘落的一个个刹那中，清正自己的意念，洒扫心灵上的蒙尘。向善日久，自然清风入怀，灵魂坦荡。所谓华满春枝，天晴月圆，不过如此尔。

（琴台）

千万里，我追寻着你

（一）好心人付出3000元钱，收养了一个身世不明的
小男孩

1993年12月16日，一个平平常常的日子。这天上午，河南省夏邑县孔庄乡黄庄村农民班兴官感到身体不舒服，在妻子蒋素玲的劝说下，他来到周楼村一个体诊所看病。在诊所附近，班兴官看到几十个人围在一起议论纷纷，一个说："家里再穷，也不能把孩子糟践，真没人性。"这话正好被班兴官听见。班兴官一愣，谁家的孩子没人稀罕？好心的他决定探个究竟。他挤进人群时才发现，人们议论的焦点是一个小男孩。那个约有两岁的孩子怯生生地蜷缩在墙根下，面带菜色，瘦得皮包骨头，红肿的眼里盈满泪水，身上的衣服又小又破，浑身脏兮兮的。据在场的群众讲，这孩子的父亲外出打工去了，母亲是湖北人，家里粮食成年不够吃，孩子从来没有吃过饱饭，生病了，又没钱去医院，只能眼睁睁看着孩子病死。

班兴官流泪了。这个好心人在熟人的带领下，找到了位于周楼

村的孩子的家。他对孩子的母亲说："你看孩子病成这样子了，也不想想办法，你要是养不起，就给俺吧，俺给他看病。再穷，孩子也是一条命呀！"小男孩的母亲低着头一个劲地抹着眼泪。好久，她才对班兴官说："让我好好想想，你明天再来一趟吧。"

当晚掌灯时分，班兴官步履沉重地回到家里。他把妻子蒋素玲叫到身边，把在周楼村遇到小男孩的事说了一遍。41岁的蒋素玲是个十分贤惠的媳妇，也有一副菩萨心肠，但丈夫突然提出抱养孩子，她心里一下子拿不定主意。因为他夫妻俩已有一个8岁儿子，况且在黄庄村也算是个富裕户，小日子过得很红火，再抱养孩子，不知道政策允许不允许。夫妻俩商量了半夜，最后决定，不管算不算抱养，先把孩子接过来治好病再说，总不能眼睁睁让孩子等死。

第二天一大早，蒋素玲来到了周楼村，给小男孩的母亲说明了自己的想法。孩子的母亲沉吟了半响，才吞吞吐吐地说：小男孩不是她的亲生子，是她姐姐的孩子，她姐姐家在湖北一个偏僻的小山村。为了这个孩子，她到湖北跑了好几趟，花费近3000元，如果想抱养这个孩子，得先拿出这笔钱。蒋素玲听后很生气，又不好说什么。再看看可怜的孩子那孤独无助的眼神，她的心一软，就掉下泪来。她下定决心，要把孩子养起来。

第三天，班兴官、蒋素玲夫妇携带3000元现金又一次来到周楼村，把孩子抱回家。孩子到班家之后，马上被送到医院，经诊断，孩子患的是贫血症。经过一段时间的精心治疗，孩子恢复了健康。

（二）小男孩原是被拐儿童，好心人积极配合警方寻找孩子的家乡

转眼三年多过去了，这个叫郭伟的孩子在班家的精心调养下，面色红润，长得虎虎实实。班兴官蒋素玲夫妇视其为掌上明珠，待他比亲生儿子还亲，还起名叫班冬冬，但他们最怕的事还是发生了。

1997年元月的一天，班兴官被叫到了当地派出所，公安人员对他讲述了孩子的确切身世。

原来，这个名叫郭伟的小男孩是人贩子从湖北一个深山中拐卖出来的。1991年，郭伟出生那年夏天，郭伟的母亲被人贩子拐走，郭孝新痛不欲生，变卖了家中值钱的东西，把三个孩子交给父亲看管，踏上了漫漫寻妻路。本来，郭家生活就非常贫困，郭孝新一走半年，家里的生活更是雪上加霜。为了给孩子找条活路，一天，郭孝新的母亲找到邻村的黄大菊说："孩子他妈走了，他爹又没信儿，我总不能眼睁睁地把孩子糟践死，您帮忙给孩子找个能吃饱饭的人家吧！"就这样，刚牙牙学语的小郭伟就被奶奶交给了黄大菊。谁知，这黄大菊并非善良之人，心术不正的她欺骗了老人，她以3000元的价格，将小郭伟卖到了河南。

蒋素玲知道了孩子的真实身世后，表现出异乎寻常的平静，她对丈夫说："既然找到了孩子的家，咱就应该把孩子还给人家！都是为人父母的，咱不能干坏良心事。"

　　夫妻俩又一次来到派出所，向干警道出了自己的想法，干警为这对夫妇的深明大义而感动，马上通过夏邑县公安局同湖北建始县公安局取得联系。1997年3月8日，湖北建始县公安局派人来到了河南夏邑县，奇怪的是，孩子的亲人一个也没有来。

　　小郭伟临上车的那一刻，蒋素玲抚摸着他的小脸儿，给他穿上新买的衣服，带上大包小包好吃好玩的东西，抱了又抱，亲了又亲，迟迟不愿放手。当蒋素玲用颤抖的双手把孩子从怀中递给湖北来的同志时，已经与蒋素玲建立深厚母子感情的小郭伟挣扎着不愿离去，大声哭喊着："妈妈，我不走。"蒋素玲夫妇泣不成声，在场的所有人都陪着抹泪。但是，小郭伟不能不走，不得不离开养育了他三年多的"妈妈"。

　　车缓缓向前移动，蒋素玲用手扒着车窗说："乖儿子，你的亲爹亲娘在湖北，湖北是你的家，这里也是你的家……啥时候你想妈妈就来河南看看，妈永远记挂着你。"郭伟把头探出窗外，泪流满面，小手不住地摇呀摇，待汽车从蒋素玲视野中消失的那一刹那，她哭昏了过去。

　　（三）孩子回家了，亲生父母失踪了。他日夜思念河南，警方伸出了援助之手

　　1997年3月10日，已经六岁多的小郭伟在豫、鄂警方的护送下，回到了他阔别了五年的家乡。然而，他的家已不复存在。郭孝新寻

妻归来后，得知母亲已把儿子郭伟交给黄大菊，他急忙找黄，而黄早已离开叶洲镇。妻子被拐，小儿子不知去向，沉重的打击使郭孝新精神失常。他绝望中离家出走，至今音讯皆无。母亲王世玉也下落不明。风烛残年的爷爷在亲人团聚的喜悦过后，不得不背负起抚养幼孙的沉重义务。

夜深了，清冷的月光透过破烂的窗户洒在简陋的小屋中。两位古稀老人抚摸着熟睡的小郭伟，不免黯然神伤，泪满衣襟。

小郭伟虽说回到了真正的家，面对陌生的爷爷奶奶，常常在睡梦中哭醒。小郭伟的不幸，不仅仅是因为他被拐卖，使原本完整的家变得七零八落，更让人揪心的是，此次的骨肉团圆是以割舍同河南父母这几年朝夕相伴的亲情作代价的。如果说第一次离别使他沦落异乡险些丧命，不过是朦胧中的痛苦记忆，而这一次别离，却给这个初谙世事的孩子的心灵留下了难以抚平的创伤。

对于失去父爱、母爱的小郭伟，郭强护老两口像世上所有的爷爷奶奶一样，对他疼爱有加，但小郭伟却表现出异常的冷漠。在他懵懵懂懂的脑海中，仿佛就是这两位老人使他失去了河南"妈妈"，年幼的他不知道也无法理解爷爷奶奶为寻找他所付出的泪水和心血。方言和生活习惯的不同，更使小郭伟变得焦躁不安。尽管爷爷、奶奶百般地呵护，小郭伟就是高兴不起来。

小郭伟瘦了，他的爷爷奶奶也日益形销骨立。

再说远在河南的班兴官、蒋素玲夫妇。自打小郭伟走后，夫妇俩多次在睡梦中被儿子的叫声惊醒。3月20日，在郭伟回湖北的第11天头上，蒋素玲把郭伟留下的五套最心爱的衣服打成包裹寄往湖北，并找人写了一封长信，邀请小郭伟的爷爷、奶奶来河南做客。4月15日，郭伟爷爷的信飞越千山万水，寄到了班兴官、蒋素玲夫妇手上：兴官、素玲：

你俩都是大好人呀。

听公安局的同志和郭伟说，在河南你们待小孙子特好……如果没有你们的好心收养和精心照料，孙子很难活过来，我和全家一辈子都不会忘记你们对孩子的养育之恩……孙子回湖北后，总是高兴不起来，天天念叨你俩的好处……他的父母到现在还没有音讯，孩子一想起河南就哭……

捧读来信，蒋素玲那颗慧母之心被震撼了："郭伟不成了孤儿了吗?"她哭成了泪人儿。

河南省夏邑县公安局干警了解到郭伟在湖北的情况后，这些铁打的汉子们的心也被揉碎了。王玉坤局长说："我们再也不能坐视小郭伟受罪，如果能把孩子重新接回河南，不但能使他生活更幸福，还能受到良好的教育，同时也能减轻郭强护老人的负担。"他连夜召开党委会，专门研究接回郭伟抚养的问题。会议决定派人去湖北看望，与郭家老人商谈收养事宜。蒋素玲听说后，来到公安局，拉着局长的手说："还是公安好啊，这下我又能见到孩子了。"

6月15日，局长王玉坤等局领导把治安股长马世彪、孔庄派出所所长王建立及班兴官等一行五人送上了西去的列车。

（四）苦命儿的河南父母在豫、鄂警方帮助下，终于名正言顺地收养了他

湖北建始县公安局政委黄本红、副局长吴卫轩热情接待了河南同行，并抽调两名民警协助河南警方。6月18日一大早，豫鄂警方带着礼品，穿越崇山峻岭向小郭伟的家出发了。车进大山，道路狭窄险峻，干警们弃车步行。他们刚一进村，山民就呼啦啦涌了上来，都想争先目睹好心人班兴官。听说河南"爸爸"来了，小郭伟飞也似的从屋里冲了出来，一头扎进班兴官的怀里："爸爸，我要妈妈，我想家……"话没说完，已是泣不成声。班兴官用他有力的臂膀紧紧揽着孩子，泪如雨下："孩子，爸爸想死你啦!"父子俩抱头痛哭，围观的群众看着这动人的场面，都跟着抹泪。

面对河南来客，郭强护夫妇老泪纵横，他俩紧紧握着干警和班兴官的手一个劲地说"谢谢"，久久不愿松手。

中午时分，郭强护老人端上了新采的山茶和枇杷果，非让远方的客人品尝不可，还拿出最香的熏肉招待来客。干警们不忍心让老人破费招待，含着眼泪告辞而去，只把班兴官留下了。因为班兴官与郭家有着抹不去的亲情，让他留下，是为了让他去认这门亲戚，能有更多的时间与小郭伟亲热。

大阳落入群山之中，山村陷入沉寂。郭家简陋的屋里依然热闹

非凡。那天晚上，送走乡亲们后，班兴官抱着郭伟与郭家老人促膝长谈了一个通宵。班兴官了解到，自从郭伟被拐卖后，郭强护一直拉扯另外一个孙子和一个孙女艰难度日。他家只有2亩山岗薄地，每年收入不到500元，揭不开锅的日子每年总要过上两三个月。虽然他曾当过多年村支书，带领村民在致富路上艰难跋涉了很长一段路，但自己家中依然一贫如洗，那曾经使过几个月的电灯，也因交不起电费而又被重新燃起的煤油灯所取代。郭强护还说："将来郭伟要是上学，要翻过大山到两公里外的建阳小学。这里的生活大苦了，孩子生在山里，遭罪啊！"

显然，郭家老人已没有能力抚养小郭伟，这位曾参加过抗美援朝的老人已到了心力交瘁的年龄，他再也没能力使孙子过更好的生活了。

老人的这番话，更加坚定了班兴官重新收养小郭伟的决心。他对两位老人说出了心里话："大伯、大娘，郭伟是你的孙子，也是我的孩子，若还信得过我，就把孩子交给我吧，我会供他上学，把他养大成人，您啥时候想孩子，我把您二老接到河南。"

还有什么信不过班兴官的？老人说："你是大好人啊，郭伟在湖北这几个月，没有一天不想你的，把他交给你，俺放心，只是苦了你。"

两位老人同班兴官拉呱了一夜，决定将小郭伟交给班兴官。

6月19日，班兴官、郭强护来到了湖北建始县公证处，签订了有关收养小郭伟的协议。郭伟又成了"班冬冬"，又可以见到他日夜思念的河南"妈妈"了。建始县100多名退休干部、居民听说此事，涌到派出所院内一齐鼓起掌来，盛赞班兴官的义举。

（五）苦命儿命不苦，终于回到了河南"妈妈"的怀抱

1997年6月22日凌晨4时，随着一声汽笛长鸣，列车抵达河南省夏邑站。这个让夏邑公安民警苦苦追寻几年，让他的河南爸爸、妈妈牵肠挂肚三个多月的孩子，终于穿过重重叠叠的大山，穿越日日夜夜的思念煎熬，重又回到了河南。当班冬冬的身影出现在车门口时，早已等候在站台上的夏邑县公安局局长王玉坤一把抱着他说："你还认识你的河南爸爸吗？""认识，我还认得河南的警察叔叔。"在场的人脸上绽开了笑容。当天下午，夏邑县公安局又派专车将班兴官、班冬冬父子送回黄庄村。警车离村庄还有三里路时，就看到村头黑压压的人群翘首相望。原来，自从班兴官去湖北后，人们就天天在村头等待，等待成了他们无声的行动，成了一幅饱蘸浓浓亲情的绚丽画卷。方圆几里在地里干活的群众闻讯，纷纷放下手中的活计，跟着警车来到班兴官家，激动的人们抑制不住喜悦，一个个抹起了眼泪。想当初，班家人及乡亲们为班冬冬的悲惨遭遇而伤感，用哭声送班冬冬返回湖北；如今，班冬冬终于回到河南父母的怀抱，乡亲们又以哭声相迎。哭，成了人们真实感情的自然流露，成了对

班家大仁大义、班冬冬曲折经历的最感人的注解。

车还没停稳，班冬冬的河南妈妈蒋素玲一把把孩子揽在怀里，哭了笑，笑了哭，喜泪不停地流，生怕孩子再离去。小郭伟终于又回到了他河南爸爸、妈妈的身边。这个曾经无数次颠沛流离，一度生命垂危的孩子终于有了一个幸福、温馨的港湾。他将会在河南父母及公安干警的关怀下健康成长。

1997年7月底，当记者赶往夏邑县采访时，欣喜地了解到，最近，夏邑县公安局党委已作出决定，把班冬冬作为局机关重点扶助对象，今年就让他进入小学学习，一直供他到大学毕业。

（李万卿）

不要为别人的眼光而活

人生在世，要潇洒地前行，要为自己的生命而活，为理想和事业而活，为亲情和友情而活，不能为别人的眼光而活。人一旦太在意他人的议论、品评，就会十分媚俗、随俗，像水中树叶，随波逐流。丧失了个性、迷失了自我。

放眼人世，冷眼审视我们周围人的生活状态，我们会分明感到很多人活得相当盲目，活得很别扭、很累。看着他们天天忙忙碌碌，追群随众的样子，只觉得这些人好可笑、好可怜。笑他们太不清醒，可怜他们迷失了自我。真不知道他们究竟是在为自身而活，还是为他人而活。如果有谁问他们你为什么要为别人而活？他们一定会瞪大双眼，张开嘴巴，一脸惊诧地反问："笑话，我怎么会为毫不相干的世人而活？"但他们又分明太在意世人怎样想、怎样看、怎样说。事实上他们岁岁年年极为认真、努力地活在别人的眼光里，他们虽然年龄、性别、性情各异，姓名张三、李四、王五不等，但他们的人生理念、活法基本一样，仿佛接受制造人类的佛祖检阅的仪仗队，举手投足发声是那样整齐划一。他们用这样的行为告诉制造他们的祖先：我们是您用男女两个"模子"造出来的芸芸众生，大家都基本一样。也许会有人认为我说得太玄乎、太夸张，那么，"事实胜于雄辩"，让我们架起生活的摄像机，对世人的生活状况进行一番扫描吧！

封建社会里的一些明哲之人的功成身退，如春秋时代越国的谋臣范蠡、齐国的军师孙膑的有几？贤能之士的不愿为官，如西汉的张良，三国时期的嵇康，东晋的陶渊明，那是出于"伴君如伴虎"、不愿同流合污等方面的考虑。如若国君开明有道，政治清明，他们是不会拒不为官的。当官并没错，问题在于不要人人想当官，不要以当没当官去衡量人的价值，去评价人，本来有些人从学识、能力、性情、爱好等方面看不适合当官，但因为世人都看重官位，因为人人以当官与否评价人，所以也非弄个官当当。结果是虽然迎合了世人的口味、眼光，得到了他人的羡慕、好评，但受罪、为难、别扭的却是自己。从人生的快乐幸福上讲，这些人并不快乐幸福，既然如此，又何必为官？追其根源，贻误他们的是他们太在意世人怎样看、怎样评说。

其实，一个人不管他怎样取悦世人的眼光，也不易得到世人的一致好评。正如爷俩买驴的寓言一样，无论是牵着驴步行，还是老人骑驴、小孩骑驴、老人和孩子共同骑驴，都会有人说咸道淡，不以为然。由此可见，太在意世人怎样议论的人，只能无所适从、惶惑不安。人生在世，在无愧于天地良心的前提下，尽可我行我素。

像诗人但丁说的那样："走自己的路，让人去说吧！"

如今，人人想潇洒地在天地间走一回，但很多人不懂什么才是真正的潇洒。许多庸俗而无知的人以为时髦就是潇洒，放浪形骸就是潇洒。其实这是误解，只得了潇洒的皮毛。真正潇洒的人生是按着自己的性情、爱好、条件去生活，在遵守道德、法律的前提下，活得洒脱自在。人生在世，应该活成一道独特的风景，不应活得庸俗随众、毫无特色。细究人生，无非就是——对社会和他人（包括亲朋）尽到应尽的责任，同时也就执行了个人的意志，满足了个人的欲望，达成个人的幸福和快乐。

一个人只要能够藐视外在的界定，追求自身内在的丰盈；只要立志有所作为，活出人的社会价值；只要不虚荣、不攀比；只要讲求个性和特色，就不会为别人的眼光而活，就能够活出一个真实的自我。

奉劝所有的朋友，千万不要为别人的眼光而活！

（王彦君）

感谢自己

在我的记忆深处有一只桶，一只可以盛水的小铁桶。因为那只小铁桶我差点儿丢了一条小命，所以30年后我依然对它记忆犹新。

当时我正上小学五年级，因为家里的劳力少，我必须承担一定的家务劳动。一次，中午放学后父亲嘱我用特意为我买的小铁桶去池塘挑水，我便去了，一路上还高兴地唱着歌，但我不知道那时死神正悄悄地向我逼近。

那天，我第一次学着用扁担往桶里灌水，谁知一不小心铁桶掉进池塘里。眼看着小桶向池塘里沉去，我什么都不顾了，跳进水里便捞。当时，周围一个人都没有，我在跳进水里的时候就开始后悔了，脚底下的烂泥不容分说地将我往池塘深处拽，我一激灵，双脚拼命地蹬，两只小手使劲地向塘边的烂泥里抓。终于，烂泥中的一个树根救了我，我才得以艰难地爬上来。

当我提着一只空桶一条扁担走进家门的时候，父亲什么都明白了，他猛地将我搂在怀里："不就是一只桶么，谁让你下到水里去捞的，你不要命了！"

我终于哭出声来了。我也明白了，如果不是那树根，我就永远不会站在父亲跟前了。

但是，那时候，我仅仅知道感谢那个救了我的树根，唯独不知道感谢自己。事实上，在危急的关头，只有自己才能拯救自己。

我从交通学校毕业时母亲离开我已经将近20年了，父亲也已是满头白发。由于众所周知的原因，我独自一人被分配到一个远离城市的小道班，方圆10余里没有人烟。当我背着简单的行李来到这个小道班时，我完全绝望了：这就是我的青春和理想的栖息地吗？这里就是我的"家"么？

有一段日子，我很颓废，什么也不想做，什么也不想问，只是莫名其妙地和自己发脾气。一位老师傅将这一切都看在眼里，他终于沉不住气了，将我"请"到他的屋子里，为我摆了一桌宴席。老师傅为我倒了满满一杯酒，从来没有喝过烈酒的我竟然一仰脖子将它灌了下去。老师傅望着我："好，可你还是个马驹子，要学会走路可不是件容易的事，什么时候知道将头抬起来了，你才能独自上路。"老师傅的话令我茅塞顿开，我明白了，脚底的路，还得靠自己去走。

从此，我拣起了自己曾一度扔掉的书，重新进入自己理想的天地。我写诗做文，唱歌跳舞，灵魂在这山沟沟里出落得从容清秀。

结婚后，我辞职离开了那个小小的道班，在妻子鼓励的目光里外出打工，几经周折，我成了北方一座城市里的编辑，生活也同时向我露出了微笑。我知道，只要自己努力，我的明天将会更加美好。

不止一次在电视屏幕上看到那些功成名就的人。每当面对记者话筒的时候，我总是能够听到他们发自肺腑地向曾经给予他帮助的父母、领导、教练、老师以及支持过他的朋友表示感谢，唯独没有一个感谢自己。或许，他们不便说出。但生命中最值得感谢的人是自己，如果没有内因的作用，成功就会与我们擦肩而过，我们还会有值得自豪和骄傲的今天吗？

因此，每当我完成了一件大的作品，或者有了一次巨大的进步时，我都会悄悄地坐进一家小酒馆里，自己给自己摆上一桌"庆功宴"，自己从内心深处对自己表示由衷的感谢。我告诉自己："感谢你没有虚度光阴，感谢你给自己创造了一个新的未来，也感谢你，使我能够拥有今天的成功和明天幸福。"我以这种独特的方式激励自己，使自己能够从一个起点走向另一个起点，从一次成功走向另一次成功。

生命需要自励，自己对自己也要有所感激。在漫漫的人生之旅中，我们得到的感激之情可能不是很多，那么，就让我们一次一次地感激自己吧，感激自己为这个五彩缤纷的世界增添了一份美好、一份成熟和一份骄傲。

（潘文军）

做一个让人尊敬的人

让人感激、尊重、畏惧比较容易，但想让人尊敬比较难。让人感激，只要能向求乞者施舍，在人有困难时，能寄以同情或援以物资，便可以让乞者感恩不已，让从困难中解脱者、感激涕零。让人尊重，只要你有高贵的身份、较多的资产、较大的权力，那么，只要你一开口，无论是建设性的意见，抑或并不合理的批评，你的意见必然会受到重视，人们在违心的情况下也会说尊重你的意见。要让人畏惧，那就更容易了：如果你有权有势，或家资万贯，在此基础上你再多些脾气，多些不讲理，多些霸气，多些声色俱厉，便会让人畏惧；即使你无权无势，只要多些蛮不讲理、横行霸道，想让人畏惧，亦不会成为难事。

但是，你想赢得人们的普遍尊敬，从心里而不是从嘴上，那便不是十分容易了。但是，生活中却有许多值得人们尊敬的人，有人们从心里真正尊敬的人。

让人尊敬的人，第一要素是得有高尚的人格，有自由的人格精神，不被世俗所染，不被时风所变，更不会见风使舵、做墙上芦苇、做水中浮萍。以文化人为例。古代如嵇康，以青白眼观世，权贵无论多么声名显赫，他皆不屑一顾。为了心灵放飞，即使面对死亡，仍能从容而奏《广陵散》，其人格之高尚，令人肃然而起敬意。再如唐代颜鲁公，其书法至今为人们所看重，学其书法的人绵绵不断，除其书法富丽堂皇、雍容华贵、笔力雄健之外，更主要的原因是他在国难当头之际，表现出令人高山仰止的气节。现代的如鲁迅先生，他用自己如椽巨笔揭示国民病痛，欲引起疗救的注意。他的一生以投枪、匕首对付形形色色的反动派，他既能横眉冷对千夫指，亦能俯首甘为孺子牛。他被誉为民族魂，被毛泽东称为骨头最硬的人。再如陈寅恪和顾准，他们在万众钳口的"文革"中，能保持清醒，不失知识分子的人格。陈寅恪在目盲足跛之时，却以顽强的意志，写出大著《柳如是别传》；顾准身陷囹圄，却能深入思考民族的兴衰际遇。虽然他生不逢时，历尽艰难，然而他死后的今天，当他的著作出版之后，学术界和中国的知识分子大为震动。他成为动乱时代最为清醒的人。

高尚的人格，坚定的信念，追求自由的精神，是让人尊敬的必要条件。

反过来说；一些名重一时、令人炫目的人物，由于人格有损，尽管世人皆知，但因其气节有亏，人们一提起，总会皱眉蹙额。仍以文化人为例。宋时书法名家蔡京，字应该说写得风格独具，但由于他是"著名"奸相，便很少有人学他的字，即使有人用他的笔法，也决不以之标榜。又如明末清初大文学家钱谦益，文章诗歌在当时为魁首，但由于投降清朝而志节有亏，连清代主持所修之《明史》亦将他列入《贰臣传》。现代的如著名文学家周作人，一生著述之丰、文章之妙，世人与之匹敌者屈指可数，然因曾做过日伪教育署长而被历史钉在耻辱柱上，连他的学生们也很难为其涂脂抹粉。

可见，学问和人格的分裂，人们可能只会感叹其学识渊博，甚至会为之竖起大拇指，但却不能引起人们的尊敬。

当然，学问的渊博，能在某一方面做出杰出的贡献，成为泰斗，人们也自会把尊敬奉献给这样的人。据说，北京大学著名教授朱光潜先生，晚年常沿着图书馆的那条大道踯躅散步。学子们骑自行车经过此地，老远便会跳下车来推着走，走过他身后，方复骑车驰去。这些学子未必都是朱光潜的门生，他也未必都认识，学子们所以如此尊敬他，乃是仰慕这位大学者的人品、学识和才华。朱光潜被并不完全熟悉的学子们尊敬，学识、才华固然是重要一面，但其被尊敬更重要的是因为他的人品。

人们尊敬名高、有才华、学问渊博的人，这在生活中常见，但是普通人也有能赢得人们尊敬的。远的不说，上海的徐虎，一个再普通不过的工人，由于他能助人为乐，不计个人得失，无论自己怎样艰难，都愿将方便送给别人。还有仅是一个平凡的售票员的李素丽，由于她能在一个小小的车厢，面对诸多并不认识的人，把温暖和关爱送给他们。在她的微笑中旅客感受到一缕清风，在她和蔼的语气中旅客有宾至如归之感。因而，人们自然回报给她以尊敬。

可以看出，要想做一个让人尊敬的人，首先要有让人肃然起敬的美好人格，无论你是名人还是普通人，只要人格高尚、品格过人，就可赢得人们的尊敬。其次，无论你是怎样的人，都要热爱自己的工作，哪怕你的工作微不足道，只要你付出，不计较名利地位，极尽自己的力量努力做好，为大家、为社会做出贡献，那么，你便会赢得人们的尊敬。

（田永明）

没有不公平的命运，
只有不公平的代价

　　我出生在三面红旗迎风飘扬的时代，为追求"一天等于二十年"的建设速度，父母没黑没白地劳累着，根本无法顾及他们的儿子的哭声。他们去生产队上班时，就把我和二哥反锁在屋里，没有人给我们水喝，也没人管我们撒尿，就这样二哥没到五岁便离开了这个世界。母亲后来回忆说二哥活着时说话的声音仿佛一只病猫的哀叫。二哥走后，父母不仅把我反锁，还在我的胳膊上拴一根绳子，连在窗户框上，以防我从炕上摔下来。四岁那年我患了小儿麻痹症，没钱治。懂事以后我又发现左胳膊举不起来了，到医院一查，人家说绑捆时间太长已无法矫正了。一个生长在贫困农民家庭，四肢中残了三肢的人，等待他的未来会是怎样的呢？

　　八岁那年我央求父亲送我去上学。小学校长为难地说，不是学校不收你，而是担心你挨欺负。我的泪马上就下来了，说别人欺负，我不吱声就是了。校长和父亲都重重地叹了一口气。校长是我的本家叔，他叫着我的小名说，你和别的孩子不一样，他们学习不好还能靠种地养活自己。你只有好好学习，将来才有希望找个文墨事干。我年龄虽小，却能掂得出这话的分量。

开始学汉语拼音，我总是发音不准，记得也慢。那位挺严厉的女老师常把我和几个差的同学留下来，每个字母都要抄上读上几十遍，有一次还把我父亲叫了去，问我的病是不是伤到了脑子。我的自尊心受到了极大伤害，从此每天放学以后，我强迫自己待在家里学习，任凭小伙伴怎样鼓动我，也不会出去玩。小学二年级时，我的成绩赶上来了。那位女教师夸我进步很快，说人没有志气是干不成任何事情的。

偏偏这时"文化大革命"开始了。不久老师到县城办学习班，学生们只有各自回家了。有一天我和伙伴们在场上翻跟斗，我翻不起来，就在上面滚。父亲把我从地上提了起来，揪着脖领子回了家。父亲很生气，上供销社买回好多白纸，让我开始抄书，每天不抄满三页不给饭吃！

那时候我最怕的就是这个，可时间一长又寻思这有什么用呢，便有些烦了。那天晚上父亲又来检查我，我想父亲也不认字，就把原来的拿出来糊弄他。没想到父亲在纸上每天都做有不同的记号，他很生气，要打我，可巴掌扬在半空，眼里却噙满了泪花。父亲说你这是糊弄谁呀？当爹妈的最放心不下的就是你，我们不能陪你一辈子，自己的路还要自己走。父亲的话不多，却震撼着我的心灵，特别是那眼中的泪花。

学校恢复上课以后，我的成绩在班上一直名列前茅，初二下半年我便开始自学高中数学课程和大学一年级的微积分。我对未来充满着天真烂漫的幻想，希望长大以后当一名华罗庚式的科学家。然而我的这些理想却被现实击得粉碎。

15岁那年我初中毕业，满以为成绩总是第一的我会被推荐上高中，却没想到连考高中的资格都没有。

我开始自学高中课程。时间长了，兄长看我不顺眼，常在父母面前吹风。他还总拿杏仁眼瞪我，尤其是在吃饭的时候，瞪得我心虚。这样到了第二年，16岁的我拖着残疾的腿到生产队找活干。记得那时刚开春，生产队活不多，一些人到三十里外的南泊铲草沫子，一些人则留在家里砸炕坯。我不会骑自行车，只好留在家里。我的两只胳膊一只举不起来，一只肌肉萎缩，落下去的镐头便只有自身的重量，别人砸一两下的坯块，我却要砸十下八下。原来我以为劳动得有个过程，锻炼锻炼就好了，事实证明我的想法是天真的，我挣的那点工分不够口粮，实际上还是由家里养活着。

但我不肯放过一次改变命运的机会。18岁那年的春天，村小学一位女教师休产假，需要一名代课老师。听到这个消息我兴奋得一夜没合眼，第二天一大早就去找大队书记。我举出好多理由说明自己是最合适的人选：上学时成绩最好，自学了高中课程，热爱教育事业，干活吃力，所以珍惜这得之不易的机会等。听我说完，大队书记告诉我，全村几百口人，谁都可以当小学教师，唯独你不能。我问为什么，大队书记说："这不是秃子头上的虱子明摆着吗。你一拐一拐走上台，学生们光顾看你怎样走路了，哪还有心思上课？让你当老师不是误人子弟吗。"那时我很自卑，没敢和他理论就走了出去。

为了生存，唐山大地震后我投奔在吉林省双辽市林业局工作的舅父。靠他的关系，在离县城三十里的一家林场找到了一份临时工作——夜间在基建工地上看材料。这种工作使我有了充足的学习时间，一年下来，学到了不少知识。但代价也够惨重的，东北的冬天很冷，我住的地方又简陋得要命，夜间看守又不能在屋里待着，我只能在外面的灯下看书。结果手脚都被严重冻坏了，有的地方露出了鲜红的嫩肉和白骨，至今两手上还有几块一元硬币那样大的疤。

我是从林场的广播喇叭里听到恢复高考的消息的，兴奋得马上辞去了这来之不易的临时工作。我回到老家已是十一月初，那一年河北省的高考日期是12月15日和16日两天。我需要在40天的时间里复习完已学过的高中数学、物理、语文，还要学完以前没有学过的高中化学，时间够紧的。但我清楚考上大学对我这个残疾人意味着什么，那段时间我把一天当两天过。功夫不负有心人，1月底去看考试结果，全公社100多名考生，只有我这名初中生的成绩上了录取分数线。

父亲高兴得整天合不拢嘴，觉得以后再也用不着为我操心了。

一向把我视为眼中钉肉中刺的兄长也一改往日横眉怒目的样子，亲自用自行车把我送到县医院体检。但我的担心成为现实，因为身体，我被挡在了大学门外。

第二年我又参加了高考，这次成绩超过了录取分数线30多分，但我的担心再一次成为现实，还是因为身体而被大学拒之门外。县招生办的人对我说，像你这种情况，除非考出全省拔尖的成绩来，否则很难被录取。我回到家里又开始抓紧学习，兄长早已恢复了原来的态度，要我死了那份心，说中国那么多人，没有哪一个大学肯录取个拐子。

经过几个月的苦读，我又参加了第三次高考，成绩超过了全国重点大学录取分数线20多分。那一年涉及小儿麻痹体检的规定有两条：两脚不等长超过3厘米，肌肉萎缩肌力三级以下（0、1、2级）者均不能录取。我的情况是：两腿不等长两厘米，肌力四级，是够录取条件的。但招生办那位不称职的负责人却武断地认为四级是在三级以下。依据是比如一家有兄弟5人，老四肯定是在老三以下，就这样在我的档案里给签上了"不宜录取"的意见。

我知道这个消息时高校招生已近尾声了。我不甘心上学深造的机会就这样被剥夺了，开始了艰难的上访。然而除了被人当作皮球似的踢来踢去，剩下的只有心酸和无奈。记得那年中秋节下午，我拖着疲惫的身体从外面回来，兄长恶狠狠地问我把钱都扔到铁路上了，到底找到了啥结果。我没好气地顶撞了他一句，这下可惹恼了他，他跳上炕来，先飞起一脚把我踢倒，然后抄起一根木棒把我打了个半死。现在回想起来，怎么也不明白当时自己面对这些的时候，为什么一点痛苦的感觉都没有。也许因为磨难太多心灵已经麻木了。

我不再做大学梦了，在家门口的老槐树上钉了一个牌子，上面写着：此处修理收音机。此后很长一段时间，我一直以这行挣点糊口的钱。

1983年乡里成立文化站，通过考试招聘文化站站长，我有幸得到了这个位置。但在许多人眼里，我仍是被同情被怜悯的对象，别人涨工资我没有。理由是别人不在文化站干到哪去都行，而我离开文化站就无法生存，所以每月给50元已经不少了。1984年底上级拨下来指标，为文化站的专职人员转正。拨给我们县的指标是12个人，方法是考试加考核。我的总成绩在全县70多名文化站专职人员中名列第二，但却连体检的资格都没有。有关领导的解释是：转干的标准和大学招生的标准一样，我过不了大学招生的体检关，自然也过不了转干这一关，倒不如不让我去体检，省得空欢喜一场。

这一次我仍然没有丝毫悲伤的感觉，我不知道是否因为自己已经足够坚强，我想是的。但细想除了坚强以外还有绝望，既然已完全不抱希望，就不会有什么失望。但既然完全不抱希望，我又想不明白当时我为什么仍总能坚持着三更灯火五更鸡的日子。然而如果当时我不坚持着，就不会有我美好的现在，这难道就是命运吗。

没有不公平的命运，只有不公平的代价。1985年，初中毕业的我复习巩固完了高中课程，又自学完了大学数学系、经济系的课程。这一年国家放宽了高校招生体检标准，我又自学了两年，终于考取了研究生，成了一名经济学硕士。毕业后我被安排在省直机关工作，不久与一位体健貌端的女大学生相识相恋，组成了幸福家庭。

回首来路，我深有感触：永远不要抱怨命运的不公，只需承认你付出的代价不够。这样想事情，这样做事情，你就会勇往直前，不会被任何困难和挫折挡住你前进的路。

（连木）

传　灯

　　在禅文化里，人们常常会遇到"传灯"一词。"传灯"是指获得菩提智慧的人如一盏明灯，在照亮了自己的同时，有责任去点燃尚处在混沌状态中的其他灯盏，以期"灯灯相传""亘古光明灿烂"。

　　传灯，是在传递一种永恒的真理，一种伟大的精神之火。生生不息的生命之河需要这种传灯，高尚的思想、伟大的智慧、优良的道德、美好的传统需要一代一代传播。这样才构成了人类浩瀚灿烂的精神银河。

　　其实，传灯并没有什么神秘的。它就在我们的日常生活中，它无处不在。1988年一个叫胡林喜的女婴降生在河南省正阳县一个普通职工家庭。7个月时医生给她使用了一种叫"卡那霉素"的药，使她从此成了一个双耳全聋、无任何残余听力的姑娘。

　　面对不幸，她的父母陷入了深深的悲愁中。孩子4岁时，她的母亲突然发现了一本叫《从哑女到神童》的书，它点燃了他们的希望之灯。先是艰难的识字教育，后来教她学会了书面表达。沐浴着早期教育的阳光雨露，胡林喜终于成长为有着顽强生命力的神童：能说一口流利的普通话；每天以阅读10万字书籍的速度向知识王国迈进；10岁时创作了近10万字的童话作品；创造快速记忆文字速度高达90字／分的最新纪录。她被赞誉为"东方神童"。

面对闪光灯和玫瑰花，女神童告诉人们：是《从哑女到神童》这本书照亮了她的生活道路。

《从哑女到神童》为何有这样神奇的力量呢？原来，这本书是一个叫周婷婷的聋哑姑娘讲述自己的奋斗和幻想的书。

1988年，亦即胡林喜出生的那一年，年仅8岁的周婷婷在人民大会堂成功地背出了圆周率小数点后1000位数字。吉尼斯世界纪录大全载入了她的名字：中国南京，周婷婷。

周婷婷1岁半时，因发高烧注射庆大霉素，造成双耳全聋。周婷婷的父亲周弘没有放弃"望女成凤"的信念，他依据"刺激反应论"，以极大的耐心对女儿进行艰难的智力开发和文化教育，不仅使她背出了圆周率小数点后的1000位数字，还激发了她的创作潜力，写出了《宇宙大魔》等许多科幻小说。12万字的《从哑女到神童》终于在她10岁（1990年）那年出版，书中收集了她写的童话、科幻小说25篇6万字。

《从哑女到神童》——一盏璀璨的灯！它点燃的并不只是胡林喜这一盏，还点燃了无数盏曾一度处于人生边缘的冷灯。

周婷婷这位神童告诉人们：她能有今天，完全是一位叫海伦·凯勒的美国聋哑姑娘对她的启示和鼓舞。

海伦·凯勒，一个称得上是伟大的名字。一个从小聋哑而且失明的不幸儿，通过家庭细致入微的关爱和艰苦的教育，通过她自己坚韧不拔、超乎寻常的努力，不仅学会了德文、法文、拉丁文，还成了著名的学者和作家，她生前每年都到世界各地进行巡回演讲、播撒爱心。她创造了人类教育史上的奇迹。她的神奇故事，今天全世界所有的学校都在讲述，几乎每个小学生都读过她的《给我三天视力》。

一百多年来，海伦·凯勒犹如象征着信念、毅力和成功的火炬，点燃了无数像她那样的残疾人的心灵之灯。一个又一个混沌而痛苦的世界被照亮了，并发出了灿烂夺目的光芒。海伦·凯勒——周婷婷——胡林喜……一个接一个勇敢、坚强、锲而不舍、不屈不挠的残疾人，他们是伟大的！伟大的精神在传播，渴望人生幸福的灯在一盏一盏地被点亮。

将一种美好、坚强、神圣的精神，从一个人传到另一个人，从上一代传到下一代，这就是传灯。人类光明的前途和希望也就在这里。

（杨云岫）

他靠"出乎预料"取得成功

在我眼里，华仔是小城最了不起的一个人物。用本地的土话说，华仔脑瓜子灵活，心眼儿好使。

无论世事风云如何变幻，华仔永远属于那种饿不着、冻不着的人。说白了，华仔非常懂得如何把握那些稍纵即逝的机遇。因此，华仔无论做什么事，总爱爆个"冷门"。我也便时常听到那些"吃不着葡萄说葡萄酸"的人，在背后酸溜溜地说上那么一句："什么好事都让他华仔给占了。"

其实，华仔也不是什么三头六臂，就是做事常常"出乎预料"。但是，就是这"出乎预料"，却使华仔受益不浅。

1992年邓小平南方谈话发表以后，全国上下兴起了一股经商办厂热。被街坊公认具有超常的商业头脑的能人华仔，没有跟随大流，而是用手里仅有的5万元积蓄，借国家有偿出让"四荒"使用权的机遇，购买了城郊一片一百多亩的荒坡。当时购买"四荒"的人很少，每亩荒山的出让价平均只有5元钱。华仔却用高于平均价100倍的价格，买下了城郊的这片荒地。5万元买一块除了杂草，什么也不长的乱石滩，让街坊邻居着实嘲讽议论了一阵子。但华仔什么也不解释，而是以自家的房产作为抵押，又向银行贷了5万元的款，请了一班施工队将堆满乱石垃圾的荒坡平整为一块方方正正的平地。

两年后，房地产开发的热浪在小城掀起。一个房地产商看上了华仔的这块地皮，并同意一次性付给华仔开发费150万元。除去投资，华仔获利140万元。人们又议论开了，说华仔手头有这么一块黄金地皮，为什么不自己做房地产生意，而偏偏把赚大钱的机会让给别人？华仔依旧什么也不说，而是用这笔开发费办了一家机制砖厂。因为华仔发现，随着房地产开发热的兴起，建筑商们不愁搞不到地皮，紧缺的正是建房用的砖块。又是两年后，正当所有的房地产开发商们正为大量的住宅小区卖不出去而发愁的时候，华仔投资的砖厂，资产却整整翻了10番，由140万元变成了1400万元。

1999年，国家西部大开发的序幕正式拉开，有一条近百公里长的高速公路，经过严密的勘测论证，要由华仔所在的小城边缘经过。届时，将有五六万人的施工队伍，在百里山坳展开鏖战。小城里有点实力的人家都看好了这个百年难逢的机遇，纷纷将投资转向服务行业。

一向喜欢爆冷门的华仔没有去赶这个浪头，而是悄悄地将投资分为两半，用三分之二的资金购进了四台大型的进口挖掘设备，用来出租给那些购买不起大型挖掘设备的中小型施工队伍。仅此一项，华仔每年就有5000多万元进账。一年之后，华仔不但收回了全部的投资，而且还赚到了四台大型挖掘设备。而那些一哄而上的宾馆、舞厅，由于客源不足，几乎全部陷入了经营困境，连银行利息都支付不起。

华仔另外那三分之一的资金，则是用来投资创办了一家文印公司。此前，曾有朋友规劝华仔，文印公司本小利薄，来钱缓慢，弄不好不出半年就会倒号。而华仔却认为，眼下虽有五六万的外来人口云集城郊，但大多数人都是打工挣钱养家糊口的民工。几百家的项目部和工程队，都会有许多图纸和资料需要打印。开上一家文印公司，正好可以爆个冷门。事情果然不出华仔所料，文印公司开张营业的当天，便接下了5万多元的生意。开张大吉，生意也就一天比一天火爆。一年下来，华仔粗粗地估算了一下，除去投资，又是三四十万元的进项。

在大多数人看来，华仔在商海中所走的每一步"棋"，都出乎人们的预料。但对华仔而言，自己所采取的每一项举措，其实都早在预料之中。我和华仔是朋友，华仔在闲聊的时候曾不无感慨地对我说：要做一个成功的商人，首先要学会做一个出乎预料的人，这一点，很重要。

（李智红）

苦命而柔弱的女孩儿，却天生喜欢笑

一

1979年，张婷出生在上海市一个普通工人家庭。张婷小时候家里很贫困，她的母亲是返城知青，回城后在街道工厂做临时工；父亲也是个普通工人。张婷很小就懂事了。那时父母给他们姐弟买的最高档的食品也只是几块蛋糕，而张婷总是把蛋糕留给弟弟吃，自己则将散落的渣捡起来放进嘴里。当父母问起她时，她总是笑着回答说："我吃过了，真好吃。"那时候街坊邻居们对小张婷整天挂在嘴边的笑印象就很深，大家都叫她"开心果"。那时候谁家的经济条件也不是太好，在一群整天绷着脸的人群中能有这样一个总是一脸灿烂的笑的女孩子实在不容易，于是大家都对她珍惜得不得了。

上学后的张婷还是那么让父母省心：做家务和照看小弟弟成了张婷的"课外作业"；除非万不得已，否则她绝不向家里伸手要钱；从小学到中学再到高中，她的学习成绩始终名列前茅……张婷的笑也仍是总挂在嘴边。因为张婷的笑，因为她的从不倾诉苦恼与烦闷，同学们都愿意与她接近，亲昵地称她"快乐鸟"。

然而，张婷升入高中不久，父母的感情出现了裂痕，那时父母经常吵架，张婷只要放学回家就成了父母的调解人。常常给父母劝完架以后，天已经很晚了，这时张婷才有时间坐下来写作业。那段时间张婷从没在凌晨一两点钟以前睡觉过，次日则早早起床接着复习。

1997年夏天张婷正面临高考，父母却在这时办理了离婚手续。有一段时间，张婷心中一片灰暗，总挂在脸上的笑容消失了。但张婷最终选择了坚强，她对自己说：只要在人前，就要展露自己的笑，没有必要让别人同情自己，没有理由因为自己的不幸影响到他人的情绪。快乐着要度过一天，忧愁着也要度过一天，为什么不选择快乐呢。见读初中的弟弟情绪很低落，张婷便语重心长地对他说："弟弟，现在家里这个样子，我们更要懂事要争气啊！你一定要振作起来，一定要学会笑。"

父母离婚后，张婷和弟弟随母亲生活。可仅靠母亲一人的工资，家庭经济很快便陷入了困境。眼看不停奔波打临时工的母亲整天为生活愁苦着急，张婷心里很不是滋味。于是张婷的笑多了一个目的：笑给母亲。每天张婷放学后总是笑嘻嘻地陪母亲说话，憧憬着美好的未来；母亲的心情有了好转后，张婷的目标又近了一步，她搜集了一些小幽默、小笑话，每天讲给母亲听，想方设法要让母亲笑出声来才罢休；面对饭桌上简单的素菜，张婷总是一边对母亲表示感谢，一边吃得香喷喷的样子，懂事的张婷知道母亲此刻最需要的就是成就感。

然而经济拮据是客观现实。张婷收到大学录取通知书的时候，母亲将好不容易凑到的两千元钱塞在张婷手中，内疚地说："妈没能力，只能拿出这么多，以后就全靠你自己了。"看着瘦弱的母亲，张婷感慨万千，她咬着嘴唇狠了狠心说："妈，我不上大学了，我去找工作，我要帮你把这个家撑起来。"说完张婷再也忍不住夺眶而出的泪水，伏在母亲肩头大哭起来。那次，母女俩相拥而泣。最后张婷还是被母亲"撵"着走进了同济大学的校门。

二

从张婷踏进同济大学的第一天起，就没有一个同学看到过张婷在学校食堂吃过一次荤菜。她一天只吃中午和晚上两餐饭，每餐饭总是三毛钱一碗米饭，唯一的菜则是学校食堂提供的"免费汤"；也没有一个同学看到过她休闲娱乐，没看到过她化过一次妆，买过一件漂亮衣服。同样使同学们印象深刻的还有她每天都是乐呵呵的，同学们给她起的绰号"阳光"实在是恰如其分。

入学不久的一天，学校要家庭困难的学生报名申请减免学杂费。张婷去了，但她看到办公室有那么多比她还困难的外地生，便一声不响地走了。张婷决定争取学校的奖学金以解决学杂费的问题。不久，她真的凭优异的成绩获得了学校的奖学金。大一那年，张婷的功课不仅门门优秀，还以647分的成绩通过了英语托福考试，同时获得上海市紧缺人才英语高级口译证书，在沪东校区英语竞赛中获第一名。

大二那年，张婷便以极其优异的成绩获得了澳大利亚悉尼大学和西悉尼大学的入学通知书，但一想到家庭经济情况，她没和母亲吭一声便悄悄放弃了这次机会。但张婷却对未来充满了信心，这以后她常常同时做五六份家教，还见缝插针地帮别人翻译英语资料，推销图书。总之只要有活干，她从不嫌钱少更不嫌活儿累。

张婷对自己吝啬得要命，对母亲则永远是那么孝顺，对弟弟永远那么关爱。她常常用作家教赚来的钱给母亲买营养品，给弟弟买书。有一次张婷给弟弟买了条围巾，她对弟弟说："你长大了，男孩子要打扮得潇洒点。"弟弟高兴之余对姐姐说："姐，我这次又考了前三名，我在日记中写了，今后每次都要在前10名。"张婷微笑着接过弟弟的日记，用笔轻轻地把"0"圈掉，说："你的目标应该是每次第一名。"

张婷对同学们也同样非常大方。学校宿舍紧张，张婷二话不说便主动把床位让给外地的同学，自己却回家去住，每天步行上学；给外省籍贫困生捐款她总是走在别人前面；谜一样的张婷平易近人却又始终与同学们保持着一定距离，一直不了解她的家庭情况的同学们都认为她的家庭生活很好很幸福，认为她对自己的吝啬与对别人的大方是因为她天性善良。直到病魔将张婷击倒，同学们才知道她生活在一个几乎没有经济来源的单亲家庭……

三

2000年9月6日深夜,张婷同往常一样为客户翻译英语资料。突然,腹部一阵剧烈的绞痛疼得她出了一身冷汗。类似的腹痛已经有很长时间了,只是近期频繁了些,张婷以为这次仍像以前一样,忍一忍就会过去。张婷用左手握拳抵住腹部继续赶着翻译,但随后剧烈的病痛发作令她再也坚持不住,终于晕倒在地上。

张婷被送进上海胸科医院,确诊为恶性胸腺瘤。11月7日晚上,手术后的张婷病情恶化,被转到上海市肿瘤医院,经过紧急抢救才恢复了知觉。随后肿瘤医院专家经过两次会诊,确定张婷得的肿瘤是"非霍奇金淋巴瘤—B细胞性",根据酶标显示,这类淋巴瘤常作跳跃式转移。医生说要想医治好张婷的病,至少需要二十万元钱,而且即使有这笔巨款也不能保证张婷就能完全得救,因为化疗与手术对病人身体素质要求很高,而张婷因长期营养不良,体质很差。

不管花多少钱都要救活女儿!张婷的母亲毅然作出了卖房子的决定,她含着泪说:"我永远也不可能拥有比她更好的女儿了。这个女儿我要定了,哪怕倾家荡产我也不放弃一丝希望。"

张婷身患重病的消息很快传遍了同济大学,满腔热情的莘莘学子被这个在艰苦环境中自强不息的姑娘感动了,他们不愿失去"阳光",于是他们纷纷为病中的张婷在校内外进行募捐。同济大学校领导也表示，这么好的一个学生，一定要不惜代价拯救她的生命。学校在医疗费用上将全力支持！张婷的同学们写了长长的信交到医院院长办公室，肿瘤医院院长看了信的内容，及满满几页纸的饱含真情的签名后，当场感动得热泪盈眶。他实在控制不住自己的情绪，竟一路跑着来到张婷的病榻前说："孩子，放下思想包袱，你只管配合治疗，其他的事不用你和你母亲操心。"

张婷在短短两个月间就动了几次大手术，但每次手术坚强的她都一声不吭。开始有一位医生还以为她的神经对疼痛不敏感，后来当他知道张婷常常疼得被子都被汗湿透了时，大张着嘴说不出话来；化疗也是很痛苦的，张婷同样一声不吭。实在忍不住了，张婷便对母亲说："妈妈，我很疼，想喊一声，您先出去一下可以吗？"等母亲到病房外后，张婷便用牙狠狠地咬住被子忍一会儿。病情一点不容人乐观，但张婷的心却始终惦记着学习。即使在病情最严重的时候，张婷插着吸氧管还舍不得放下课本。每次有老师和同学来医院看望她，张婷总是先问有没有把听课笔记给她带来，然后便让同学们给她讲课。

四

2000年11月中旬，张婷的病情又出现了几次反复，化疗后白细胞急速降低，免疫功能极其低下。院方立即对张婷采取无菌隔离措施，医生、护士们虽对这个小女孩儿充满了感情，但每天看惯生与死的他们，都预感恐怕这次再也看不到这个似乎不知道悲伤为何物的女孩儿灿烂的笑脸了。

但令医生们吃惊而又感慨不已的是，每次他们走进病房去查房或护理的时候，总会看见张婷正怡然自得地轻声哼着节奏欢快的歌曲。原来张婷规定自己每天必须唱10首歌。张婷还让母亲给她买来一个小录放机，她说听着音乐就能幻想美好的东西，激起生的渴望与信心。张婷还给自己制订了一个在别人看来根本就无法完成的学习计划：每天做适量的作业，默背30个英语生词直到熟记于心；在两个月时间内阅读完20本始终想看却一直没有时间看的名著。为了让自己时刻意识到还有重要的学习计划没有完成，她要求母亲每天必须问她的学习进展情况……

尽管张婷是那么乐观，尽管这乐观令医生和护士们无比感动，但熟知这种病的厉害的他们都对这位可爱的女孩儿能活着走出隔离室不抱乐观的态度。但奇迹再一次出现，死神在张婷乐观的态度和惊人的毅力面前再一次望而却步了。几周后，张婷的白细胞指标上升到了免疫基数。解除隔离后，一天，张婷看着忧心忡忡的母亲笑呵呵地说："妈妈，你不用为我担心，命运是拿我没办法的。"

张婷的病情暂时得到控制后，学习更加刻苦。这时她不但把学习作为一种使命，也作为与疾病做斗争的一种手段。每当疼痛排山倒海般地袭来的时候，张婷便借助看小说或背诵英语单词转移自己的注意力。当她勉强能下床后，便硬要母亲搀扶着她在走廊里来回走动，直到身体软得连站立的力气也没有了才罢休。

张婷的乐观也感染着身边的病友。在张婷来之前，肿瘤病房的病人们都是愁容满面。张婷来以后，病友们深为她所感染，重又鼓起了生活的勇气。女病友们都把张婷看成心目中的"抗癌英雄"。男病友则不止一个感慨地对张婷说："小姑娘，你天天笑呵呵的，再大的病也让你给笑跑了。和你一比，真让我们这些男子汉无地自容呀。"张婷来以后，病房里的低沉、颓废的气氛少了，笑声、歌声多了。

在张婷住院期间，几年前也曾经受死亡考验的同济大学校长吴启迪女士，以通信的方式与张婷进行着两代人间关于生命与人生的交流。吴校长饱含人生智慧的话令病榻上的张婷更深切地懂得磨难与考验对人生经历的非凡意义。她在回信中写道：笑是我与生俱来的权力，无论谁，无论任何时候，都不能将它从我身边夺走。我将永远选择坚强，我要做生命的强者……

随着新闻媒体的报道，张婷的感人故事传遍了上海的大街小巷。凡是在报纸、电视上看到张婷阳光般的笑脸的人们都被感动了。人们纷纷致电同济大学询问张婷的情况并提出捐款；一些单位和团体也纷纷派代表探望张婷，资助她继续治疗；张婷所在地区的某公安分局局长得知张婷的不幸后，当即掏出800元钱，并立刻通知下属单位为张婷组织捐款；上海市慈善基金会第一次捐款一万元给肿瘤医院，说以后会分期分批为张婷募集捐款，他们请求医院给张婷用最好的药治疗……

　　社会的爱心和张婷灿烂的笑击退了病魔，张婷的病情终于稳定了下来。2000年12月14日，同济大学党支部领导来到张婷的病房为她举行了入党仪式，并决定让张婷休学一年。病情进一步稳定后，张婷已回到家里一边休养一边接受治疗。前不久笔者前去采访时，欣慰地看到那张总是笑着的脸上已有了些红润。张婷真诚地对记者说："我的生命已不光是属于我的，不光是属于我母亲的，更是属于社会的，我更加无权放弃生命。"当笔者与她握手告别，祝她早日恢复健康时，张婷笑着说："我会好起来的，因为活着是多么幸福的一件事啊！"

（唐维东）

大家为什么要学习中国文化

新疆师大的同学们：

谢谢大家在遥远的边疆给我提供了这个师大的讲台，天下师大是一家。

我们今天在这里讨论文化的发展，什么是真正的文化？文化其实就在你们呼吸的空气里，在你们眼前的山脚下的大地里，在你们自己的生活方式里。新疆这个地方的文化，真是够大家去体会太多太多时间的。我为什么在二十四年前，就怀着一个梦想一定要来到这方土地上，就因为这里的文化是不可替代的。

大家知道"文化"这个词最早出自哪里呢？是出自《周易》。《周易》的易传上有一句话叫作："关乎天文，以察时变；关乎人文，以化成天下。"什么意思呢？关乎天文，就是我们要观察四时的变化，这个季节为什么来新疆的人特别多呢？因为这里的秋色特别地纯美，所以整个由热转凉的分别我们关注到了，人就能跟上天象的变化，这叫"关乎天文，以察时变"；"关乎人文，以化成天下"，也就是说要观察世间百态，凝聚起来这种思想价值观，再去氤氲入今，流化生命，这叫"文而化之"。所以文化这个词大家估计都会认为是个名词，但其实是从它本义上来讲，你也可以把它理解为一个动词。所谓"关乎人文，化成天下"，就是让文明能够化入我们的生命，让我们自己的内心有一种文化的根性去指导你当下的生活。在新疆这个地方，你们就能够都体会到什么是"文而化之"。

大家为什么要学习中国文化？在年轻的时候，在可以成长的时候把自己养大，以后你才不怕小事。你们现在正处在晒太阳长身体的时候，瓜果蔬菜随便吃点什么，钙就挺充足的；但如果到了四五十岁，钙不足、骨质疏松，大把地吃钙片补也不如你们现在。所以，不要等到自己的生命、人格有一天需要吃钙片去补，趁自己能蓬勃成长的时候，靠自己的骨骼尽可能让它扩大。《庄子》里有一个境界，叫作"乘物游心"，乘马的"乘"，物质的"物"，游心就是逍遥游的"游"，心游万物。他说，在这个世界上学习、工作所有这一切其实都像搭乘车马去某个目的地一样，我们都是穿越了物质生活，这就叫"乘物"。我们人这一辈子穿越所有的生活经历，只为唯一目标，就是两个字叫作"游心"。怎么样做到"心游万仞"，这是一种境界，要往这个境界上去走。庄子有一句话叫"天地有大美而不言，四时有明法而不议，万物有成理而不说。"天地的最大的美是不言的，根本就不言说出来的，我在喀纳斯的时候就深有此感。我站在禾木山顶的时候，我留恋在喀纳斯湖边的时候，我在白哈巴哨卡的时候，我一遍一遍地讲"朝晖夕阴，气象万千"，神奇的光影勾勒着一片一片细碎的树叶，哗啦啦地在风中跳舞，所有颜色融合在一起，跌宕成一个乐章，光影一转的时候，柳暗花明，眼前突然又是一份不同的风景，这一切，哪是一张照片、一幅油画概括得了的呢？天地的大美永远沉默地张开它的怀抱，只要你投入进去，它就将你接纳为它欢心的孩子。每个人在自然面前都是一个赤子，你爱它，它一定爱你。它的爱亘古不变，只是我们这些狂妄的孩子太久没有回家了。你一次次的归来，只为了一次次的出发。再走到这个世界闯千难万险的时候，我们不积淀这种生命力量、我们不养气的话，我们用什么去对抗苍凉和不如意呢？这就是天地的大美无言。用这种眼光来看"四时有明法而不议"，春夏秋冬的流转，从来不曾改变，这是一种明明白白的法则，别老想着去改变它，遵循、顺应其实是最好的办法。而最后一句说得更好，叫作"万物有成理而不说"，万事万物有它已成的道理，不必言说。其实在建立社会坐标之外，再建立一种更为辽阔的宇宙坐标，我们的心打开了。

我说我们大家只谈方法，我们不论这里面具体的、很多的解释，我们只给大家一个起点，但没有标准答案。中国文化的标准答案，在乎每个人的人性。

文化是什么？开始我就说了是文而化之。在大西北，在新疆这样一个英雄豪情与柔美浪漫并重的地方，我们还不能文而化之吗？我们把这个地方的风情文化跟中国的传统经验都融入自己生命的时候，在大学完成一件大事，给自己生命一个大承诺，让自己有眼界、有胸怀、有担当、有自己的道义。这样的一种大忠、大勇、大德、大义是在大学里应该培养起来的。所有文化之间，只要一个人能够融会贯通，你就会发现它们都不冲突。你说西部的这种风情文化跟中国的传统经验就冲突吗？有些冲突是人为的一种隔阂。当你以生命融入作为载体的时候，这一切都融注到你的心里了。

我很喜欢苏东坡的词，"一点浩然气，千里快哉风"，我觉得这应该是中国人的素描像。所谓"一点浩然气"，指的是人安静的时候，心中有浩然正气，眉宇轩昂；所谓"千里快哉风"，是人动起来，在行动的时候，快意人生，驰走千里。也就是我们不要在静的时候嘀嘀咕咕、动的时候拖泥带水。怎样才能做这样一种静含一点浩然气、动如千里快哉风的中国人呢？这靠文化入心、入怀，滋养生命。

文化融合在一个人的生命中之后，它能给我们什么承诺呢？它不能改变地震、海啸、泥石流这些自然灾害，也不能拯救金融危机、诚信危机，其实文化是让我们面对这一切的时候，内心有一个信念，从我们自己开始，让不如意的现实一点一点变好。

文化最终的承诺是给我们每个人生命，我曾经看到这样一个故事，说有一个年轻的小伙子不服自己的老酋长，他觉得这个人很神奇，说任何事情从来就不带出错，他想这怎么可能呢？他就想："我跟你打个赌，非让你错一次不可，"就抓了一只小鸟，背在身后，胸有成竹地问老酋长："你说我手里的小鸟是生是死？"他想，如果你说小鸟是活的，我手指一捻，就掐死它；如果你说小鸟是死的，我手心一张它就飞了。那个睿智的老人很宽容地一笑，说了一句话："生命就在你的手中。"我今天在这里，以中国文化为引，把这句话送给大家，文化其实就在你的心中。

今天坐在这个屋檐下的有很多是我们新疆师大的同学们，也有来自政府机关和各行各业的朋友，不管我们现在是20岁、40岁，还是60岁，我一直希望中国文化能够给我们一个依据，不管面对一个如意或不如意的现实，不管面对未来多少有限年华，我们都能够活得从容不迫，都能够活得眉宇轩昂，能够在这样的长天大地之间，确立一个文化人格的自我，有承诺、有担当。

现在我们的窗外是一片斑斓的秋色，风光正好，年华正好，让文化成全我们每个人的心，特别是在座的孩子们，让你们都能够从此刻出发，一生都能够经常想起：有文化在心，生命就在自己的手中。

祝福在座的各位朋友！祝福新疆师大！

（于丹）

鼓掌达人

美国人以一分钟鼓掌721次，成为世界上鼓掌最快的人，由此创造出一项吉尼斯世界纪录。

上大学时，他是一个业余的打击乐手。那时的他，为练出一手打击绝活，闲暇之余就喜欢一个人默默用手打拍子。大学毕业后，他参加了美国陆军，在部队服役期间，"鼓掌"已是他的拿手绝活。直到退伍，他才真正成了一名职业的打击乐表演者。

有一次，他在台上表演打击乐。由于表演非常出色，刚刚结束表演，就有一名观众被他的打击技法和速度深深折服了，忍不住走上前，赞美地说："或许你就是世界上鼓掌最快的人。"言者无意，听者有心。他随后联系上了吉尼斯认证机构，说愿意表演15秒钟，以证明他是世界上鼓掌最快的人。

吉尼斯工作人员当即回答："这的确是一个匪夷所思的挑战，不过连续鼓掌15秒，时间太短了，拍满1分钟吧。"之后，他在吉尼斯工作人员的监督下开始"鼓掌"。由于他出手太快了，人的肉眼根本无法数清鼓掌次数，也听不清鼓掌的声音，无奈之下，不得不借助于录像回放，重新计算鼓掌次数。结果很快显示出来，一共是721次。天哪！所有在场的人无不惊呆。

看来，凡事做到极致，做到无可匹敌，都不可小觑。

（许小燕）

最美支教女孩

2006年7月，正在深圳一家公司从事会计工作的孙影，从《深圳商报》上看到招募志愿者赴山区支教的消息，凭着一腔热血，她马上报名参加，并从一百多人中胜出。8月29日，她不顾公司挽留，背上简单的行囊，乘火车转汽车再搭摩托车、人力车，一路辗转，终于来到了她支教的目的地——贵州毕节大方县大水乡鞍山小学。

虽然之前孙影已作好充分的心理准备，但眼前的情景还是令她震惊：学校位于偏僻的山坳中，一座几十年前建造的木板结构的二层楼，已完全成为危楼，没有操场、没有校门，围墙不知道是哪个年代修的，只剩下断断续续的几截土墙。教室门板残缺，没有讲桌、没有教具、没有一块完好的玻璃窗户，窗扇摇摇欲坠。整个学校破烂不堪，令人心酸。

当时的鞍山小学通电已两年，电灯是学校唯一的"电器"。可是当晚因为突降暴雨，电闪雷鸣，学校停水停电，一片漆黑。孙影吓得直哆嗦，躲在被窝里偷偷地哭。

在家时，平时很少做家务，来到这里，一切都得从头学起：生炉子、做饭、拾柴火、提水。这里严重缺水，冲澡都是奢侈的。刚来时，因为水土不服，浑身过敏发肿。村里没有诊所，从远方找来的医生给她输上液后就回家了。半个多小时后，她发现手肿起一大块，只好自己拔掉针头。2009年冬天，因为夜晚烤炭火，孙影煤气中毒了。她从迷迷糊糊中惊醒，头昏眼花，费了九牛二虎之力才打开房门，不小心从楼上摔了下来，满脸鲜血，还磕掉一颗门牙。因为条件简陋，长期在木板结构的危房里面睡觉，她患上了风湿性关节炎，每逢阴雨天，手腕、膝盖骨就疼痛难忍。因为长期休息不好，营养缺乏，她又患上了心脏病。即使这样，她也没吭一声，独自扛着，从没退缩过。

为了让山里的孩子早日不在危房里读书，孙影决定在深圳找到爱心企业捐资，帮助学校重新改建教学楼。经过她多方奔走，2006年10月由深圳一家企业出资25万元，捐建了"许凌峰募师支教希望小学"。为了将有限的善款发挥最大效用，对建筑施工"一窍不通"的她在支教之余，当起了监工。2007年11月23日，鞍山村历史上最漂亮、最现代化的学校建成使用。此后，孙影又多方奔走，积极联系深圳、北京等地的爱心人士捐助课桌、板凳、电子铃等教学设施。从此，鞍山小学告别了敲钟上课的日子，第一次升起了国旗，鞍山村第一次有了国歌的声音。

四年多来，由孙影牵线搭桥，深圳爱心企业共捐资二百多万元，为贵州大方县、赫章县捐建了六所希望小学，其中4所已竣工使用。

从希望学校选址、施工设计、采购材料、施工监理，到工程验收、落成剪彩，孙影均全程参与、跟踪负责，俨然一个"女包工头"。

在监建希望小学之余，从2010年4月开始，孙影在赫章和大方两县开展了贫困生调查活动。她经常翻山越岭，徒步上千公里，往返于山间小道，及时地把调查获得的贫困生信息发布在博客上，发给有捐助意向的爱心人士，最终为三百多名贫困生找到爱心资助。几年来，她花光了两万多元积蓄，连父母资助的四万多元也花完了。为了省钱给孩子们买学习用品，她生活非常节俭，连新衣服也舍不得买。为了山里的孩子，她放弃了都市生活，把爱与温暖带进了乡村学校的课堂，带进了孩子们的心里。

这就是一个"80后"志愿者，放弃优越的都市生活，远离家乡和亲人，远赴山区支教，在平凡的岗位上展现才华、演绎青春，用实际行动诠释了"关爱、感恩、回报"的深圳精神。当记者问起她成为2010年度"感动中国"候选人的感想时，孙影表现得很淡然："我是一个普通的志愿者，只不过比别人在山区待的时间长而已。在许多爱心人士的帮助下，我为山区的孩子们做了一点儿事，真的算不了什么。"她在博客里写道："既然来了，就要自己来完成，这条路辛苦、泥泞，但是阳光明媚，一直照在我心里。"

的确，孙影无愧为"最美支教女孩"，她对青春价值的执着追求和扶贫帮困的朴素情怀，感染着每一个人。

（朱吉红）

站在镜子前的蛤蟆

　　有人讲述了这样一个故事：在日本深山老林里，有一种浑身长满了脚的癞蛤蟆，相貌极丑。人们抓到它们以后，就把它们放在镜子前，癞蛤蟆们看到了自己的相貌，都被吓出了一身油，人们把这些油收藏起来，就成了极其名贵的药材，这种油对于治疗伤痛效果极佳。

　　他暗喻自己说，他就是那只站在镜前的蛤蟆，每每回首往事，发现自己是如此丑恶，过去是那般地不堪，因而也吓出了一身油……

　　其实，生活中总是不乏镜子的。有人站在镜子前看到自己的笑貌，有人站在镜子前看到自己的缺陷，有人则站在镜子前看到自己一身油，这样一种油，不光治疗了心灵的伤痛，而且润滑了人生。

　　人生是一套系统，需要经常查杀病毒，反省就是查杀病毒、刷新自我的过程，反省是大浪淘沙，经过心灵泉水的冲洗，自然浮现智慧的真金。

　　你站在镜子前是什么样？

（李丹崖）

别样的推介

那时，柴静还是一个大学生，她最喜欢听电台的一个夜话节目。

她提笔给主持人写了一封信，说她有一个梦，梦想有朝一日也能坐在录音室里，像他一样，为别人排忧解难。那个当年当地最红的电台主持人，居然在广播里答复了她，说想当主持人的那位叫柴静的同学，你下午可以到我们电台。

去面试时，在主持人的办公室里，居然来了五十多位同学。主持人无权定夺，只好请出了电台领导。领导只问了一句："你们中间有谁学过播音？"大家面面相觑，都没有学过。

可想而知，一个都没有留下。

她回到学校以后，去广播站自编自导了一个叫"别样的声音"的节目，其实就是介绍一本喜欢的书，然后根据书中的意境配上音乐，录下来。南方的三伏天，她在广播站忙了一下午，从录音室出来的时候，全身都湿透了，可她一点儿都不觉得累。她又跑到了电台，把带子交给主持人。

只听了一段，主持人就"啪"地把录音机摁了，主持人背对着她，她看不清主持人的脸，也不知道他在想什么。她涨红了脸，紧张得不行。她想，他都听不下去了，看来是没有希望了。

办公室里安静得能听见她的心跳，她想逃出去，却意外地听见："今天晚上，你来做我的节目吧。"

晚上，她来到播音间，坐在主持人的位置上侃侃而谈。从那以后，她就成为这座省城电台的客座主持人。毕业后，她选择了主持人作为她的职业。从电台到电视台，从省台到央视，一步步走向成功。

领导问他们谁学过播音，就是想初步了解他们的播音能力。众人因为没有学过播音，当时没办法让领导了解他们的播音能力。柴静意识到了这一点，她通过制作一期节目，向电台推介自己，让主持人了解她的音质音色以及播音主持能力。因为节目编排很有特色，"别样的声音"让她获得了欣赏。

求职时推介自己要有特色，求职成功之后，还要不断别出心裁地推介自己。柴静18岁在湖南电台开始主持《夜色温柔》时，她在开场白中这样介绍自己："我是柴静，火柴的柴、安静的静。"这简短的几句介绍，给人塑造了一位热情、恬静、温柔的女主播形象。柴静懂得，只要你的人对了，你的世界也是对的。她推介自己时重点推介自己的人格形象，她用人格魅力增添节目魅力，当年的《夜色温柔》节目因她的人格魅力而显得更加温柔，深受听众欢迎。

柴静不满足在演播室推介自己，她想当新闻记者推介自己。当了央视《新闻调查》出镜记者后，她认为"你采访谁、不采访谁、你问什么、不问什么，一个片子出来，是有观察者痕迹的——不单单是一个提问的工具，那里面，是有'我'的。"她的每一次采访，都是对自己一次别样的推介。《新闻调查》因她的别样采访、别样推介而很有特色，很有影响力。

只有别样的推介，才能推出别样的人生。

（武俊浩）

银碗琥珀雪

　　这一瞬，我在电脑上敲出"琥珀"。这个充满了大美的词语，字之美流露在纸上。看或者念，都有难得的韵味。跳跃着、摇晃着，带着诗词的惆怅和眷恋。

　　只有一种叫贝母的松树才会流下黏稠的松泪——我宁愿叫它泪。如果恰巧有一只蝉在下面，松树的泪滴触碰到它振翅欲飞的样子，那么就是这个样子了，永远是这个样子了——仿佛永远活着。那黄金一样的棺，固定住蝉刹那的样子。

　　琥珀闪动着灵润的光泽，刹那间凝固了。这一刻，我正爱你，那么时光啊，把我凝固成现在的样子，哪怕丑陋或者不堪，但是都不要紧，我只要凝固成现在的样子，不多一秒，也不少一秒。时间的骨骼多么美，它凝固的本身带来完好无损的保护。因为这种特殊的贮藏方式，一朵花可以永远地开放，而一只飞虫可以永远地飞翔。那只琥珀中的蝴蝶呀，你的美丽也将永远绽放，为了你心爱的另一只蝴蝶。多美呀，亲爱的琥珀。那松脂温柔的香，那进入了全部缝隙的时间，那瞬间被浇铸的快乐——是死亡与生的交替，来不及，一切没来得及，死于这样绝美的浇铸。时间的汁液可以把我浇铸吗？可以吗？

我宁愿成为最华美的一粒琥珀，或者不华美的一粒琥珀。

她抽着烟，眼中迷茫但坚定："这就是我年轻的时候看到的未来了，就是这样了。"皱纹已经爬上眼角了，她微笑着："这意味着老年开始了。"

而心呢？心早就凝固成琥珀。她热切地回忆着过去——那白手帕一样的回忆，闪烁着丝绸一样的光辉，我喜欢那光辉，暗淡而过时，当人开始怀念时，其实已经老了。姜似的辣，自己却并不知晓。

她说，你一定要以琥珀为主人公写一篇小说。我试图去写。但这试图是危险的、逼仄的。要什么样的人才会配得上这如此心碎的名字呢？被凝固住的名字，都死了。我亦死在窒息的美中，最绝美的美都具有暴力。她在最爱最热烈的时候说："让我毒死他们的爱才有可能成为琥珀，不再有纠缠、不再有背叛、不再有爱的消亡——真正爱一个人，一定有这种最恶毒的想法，毒辣且带有毁灭性。

其实是她想把爱凝固成琥珀——此时，你爱我日月昭昭，我爱你辽阔如海；你爱我绝色倾城，我爱你年华灼灼。

诗经说："死生契阔，与子成说。"但时空被光阴打磨成筛子眼似的一块破布，残风漏过，多少放弃、多少负心、多少寡义……你相信人性有多么坚定，就应该相信它有多么脆弱。其间的沧海与桑田，当事人未必说得清——静水流深，这块琥珀成为珍宝。我们含泪吟诵梁祝，是因为他们早早为爱情死去，成为爱情琥珀中的标本。

而能看着一个人，老年斑渐生、牙齿掉光、身体佝偻……这需要足够的勇气。我最终赞叹的，是和光阴做伴的痴心爱人，能这样走到终点的，即使产生过无数细小的摩擦，又有何妨？这才是真正的琥珀吧——光阴的琥珀中，一对长满了老年斑的手紧紧地握在一起，呆呆地在阳光下发愣。相依相偎，不离不弃。

那是真正的琥珀，与时光一同老去，那岁月的松汁滴下来，两个人含笑面对——老了，或许不美了，却真正熬成了银碗里如雪的琥珀，他是银碗，她是雪。

（雪小禅）

羊怎样看人

　　羊显得那么弱小，没有任何可选择命运的余地。人又显得那么霸道，杀羊吃羊，从来都不手软。时间长了，这一切便显得顺理成章，没有谁怀疑这里面有什么不妥。就连人看羊，也已经形成了固定的思维模式。羊的生命意义成了最终被端上餐桌的几盘肉的简单存在。

　　但如果换一个角度看羊，会不会看到羊的另一面呢？

　　人看羊时就是一只羊，简单得很。人已经养成了这样的习惯，总是喜欢给事物下定论，人似乎觉得对这个世界的一切都了如指掌。其实，人在这个庞大的世界中是多么地弱小！人无知无畏，所以胆大妄为。

　　相比之下，牧民有时候却能够用一种更朴素的心态来看待事物。他们说，每个人都说是人放羊，其实呢，是羊在放人。羊吃草的时候，吃到哪里，人就得跟到哪里。羊知道哪个地方有好草，它边吃就边往那个地方去了，但人却不知道，所以，人只能跟着羊走；羊还知道哪个地方有水，吃到一定的时候，它自然而然地就向那个地方走去，它不乱走，也从来不会迷路，聪明和有经验的牧民跟在羊后面，总是能够找到水。

有一位牧民曾说，在阿尔泰牧区有不少人能听懂羊语，羊咩咩地叫几声，他们就能听明白那里面是什么意思。

人懂羊语，可能与游牧生活有关。长了，彼此便有了感应。

过了几天，一个去别处放牧的人回到了那仁牧场，同时，他也带回了一个让人十分惊讶的消息。他是为了让羊吃到更好的草才离开大家的。到了另一个牧场后，他发现那里的草果然十分茂盛，羊群从早晨探下头去，一口气吃到了下午才抬头。牧民们放牧时很注意羊抬头的次数，如果羊抬头的次数多了，就说明草不好，羊老是在寻找好草吃。而羊一直低着头，则说明草很好，它们吃得很专心，无暇抬头。放过羊的人，都知道这个道理。

他很高兴，这么好的草场上只有自己的羊群，吃到转场的时候，它们肯定会长得肥壮，回去后就可以多卖几公斤肉、多剪一些羊毛。在高兴的同时，他又有一点儿担心，毕竟自己一个人在这么远的地方，万一遇上狼或者什么的，后果将不堪设想。

不久，他担心的事情果然出现了。一天下午，一群狼突然包围了羊群。顿时，狼嗥和羊叫响成一片，他站在羊群中间不知道如何是好。但很快，羊群就有了变化，它们像是听到了一个无声命令似的，一只挨一只，在原地转圈。这样，站在羊群中的他就被保护了起来。但他还是很着急，虽然自己没什么危险了，但羊群却暴露在狼的面前，如果狼向它们发起进攻，它们就有危险了。就在他这样担心的时候，羊群又发生了变化。它们一律头朝里，屁股朝外，又形成了一个保护圈。他马上明白了，狼一般咬羊时，都要先咬羊的脖子，现在羊把屁股对着它们，使它们无从下口。狼围着羊群打转转，过了一会儿，嗥叫着走了。羊群合力围起的这个保护圈，使它们无力突破，只好撤走。

他站在羊群中间，目睹了这一幕。

第二天，他就收拾好东西，赶着羊群回到了那仁牧场。晚上，他梦见自己变成了一只羊。醒来后，他哭了。

（王族）

我为何而活

三种简单却极其强烈的情感主宰着我的生活：对爱的渴望、对知识的追求、对人类难以承受痛苦的怜悯之心。这三种情感，像阵阵飓风，任意地将我吹得飘来荡去，越过痛苦的海洋，抵达绝望的彼岸。

我寻找爱。首先，因为它令人心醉神迷，这种沉醉是如此美妙，以至于我愿意用余生来换取那几个小时的快乐。其次，是因为它会减轻孤独，置身于那种可怕的孤独中，颤抖的灵魂会在世界的边缘看到冰冷的、死寂的、无底的深渊。我寻找爱，还因为在水乳交融爱恋之时，在一个神秘的缩影中，我见到了先贤和诗人们所想象的、预见的天堂。这就是我所追求的，尽管对于凡人来说，这好像是一种奢望，但这是我最终找到的。

我曾以同样的热情来追求知识。我希望能理解人类的心灵，希望能知道为什么星星会发光。我也曾经努力理解毕达哥拉斯学派的理论，他们认为数字主宰着万物的此消彼长。我了解了一点知识，但是不多。

人们因痛苦而发出的哭声在我心中久久回响，那些饥荒中的孩子们，被压迫、摧残的受害者们，被子女视为可憎负担的、无助的老人们，以及那无处不在的孤单、贫穷和无助，都在讽刺着人类本应该有的生活。我渴望能够消除人世间的邪恶，可是力不从心，我自己也同样遭受着它们的折磨。

这就是我的生活。我觉得活一场是值得的。如果给我机会的话，我愿意开心地再活一次。

（沈畔阳）

补丁也可以绣成花朵

拐角凹进去的那一段，就是她的舞台。她在这里摆摊织补，已经好几年了。

每次路过，都能看见她坐在凹槽里，埋头织补。身边的车水马龙，似乎离她很远。她很少抬头，只有针线在她的手上不停地穿梭。

这里原本是一个城乡接合部，这几年城市西迁，这块地也跟着火热起来，到处都是建筑工地。上她那儿织补的，大多是附近工地上的民工。衣服被铁丝划了个口子或者被电焊烧破了个洞，他们就拿来，让她织补一下。也不贵，两三元钱，就能将破旧的地方织补如初。如果不是工服，而是穿出去见客的衣服，她会更用心些。用线、针脚、纹理，都和原来的衣裳一样，绝对看不出织补过。

从她所在的拐角往前百米，是一所学校。我的孩子，以前就在那所学校读书。每次接送孩子，都必经她的身旁，因此对她多留意了点。

一天，妻子从箱底翻出了一条连衣裙，还是我们刚结婚时买的，是妻子最喜欢的一条裙子。翻出来一看，胸口处被虫蛀了个大洞。

妻子黯然神伤。

我的眼前忽然浮现出她的影子，也许她可以织补好。

拿过去。她低头接过衣服，看了看，摇摇头说，洞太大了，不好织补了。我对她说，这条裙子对我妻子的意义不一般，请你帮帮忙。她又看了看裙子。忽然问我，你妻子喜欢什么花？牡丹。我告诉她。她看着我，要不然我将这个洞绣成一朵牡丹，你看怎么样？我连连点头，太好了。

她从一个竹筐里拿出一大堆彩色的线，开始绣花。我注意到她的手，粗大、浮肿，一点也不像绣花的手。我疑惑地问她，能绣好吗？她点点头，告诉我，以前她在一家丝绸厂上班，就是刺绣工。后来工厂倒闭了，她才开始在街上摆摊织补。我原来绣的花可漂亮了。她笑着说，原来的手也不像现在这么粗糙，在外面冻的，成冻疮了，所以才这么难看。

正说着话，一个背书包的女孩走了过来。以为女孩也是要织补的，我往边上挪了挪。她笑了，这是我女儿，就在那边的学校上学。女孩看看我，喊了声叔叔，就放下书包，帮她整理线盒。不时有背着书包的孩子，从我们面前走过。有些孩子看来是女孩的同学，她们和女孩亲热地打着招呼。女孩一边帮妈妈理线，一边和同学招呼着，脸上挂着浅浅的笑容。她似乎一点也不在意，她的同学看到她的妈妈是个街头织补女。这出乎我的意料。我有个同学，就因为长相苍老了点，他的儿子就从来不让他参加家长会，也不让他去学校接自己。男孩认为，自己的爸爸太寒碜了，出现在同学面前，丢了自己的脸。

我对她说，你的女儿真好。她看看女儿，笑着说，是啊，她很懂事。这几年，孩子跟我们吃了不少苦。女孩嘴一撇，吃什么苦哇，你和爸爸才苦呢。忙完了手头的活，女孩拿出书本，趴在妈妈的凳子上做起了作业。我问她，怎么不回家去做作业。女孩说，我们要等爸爸来接我们，然后一起回家。

她穿针引线，牡丹的雏形已经显露出来。这时候，一个中年男人蹬着三轮车过来了，女孩亲热地喊他爸爸。我对她说，天快黑了，要不我明天再来拿，你们先回家吧。她摇摇头，就快好了。

路灯亮起来的时候，她终于将牡丹绣好了。那件陈旧的连衣裙，因为这朵鲜艳的牡丹而靓丽起来。

中年男人将三轮车上的修理工具重新摆放，腾出一个空位子来。然后中年男人一把将她抱了起来，放在了那个座位上。我这才注意到，她的下半身是瘫痪的。女孩将妈妈的马扎、竹筐放好，背着书包，跟在爸爸的三轮车后，蹦蹦跳跳地走了。

目送他们一家三口的背影，我拿着那件绣了牡丹的裙子回家。你完全看不出来，牡丹所在之处，曾经是一个大洞。

（孙道荣）

谁是最快乐的人

　　英国《太阳报》以"什么样的人最快乐"为题，举办了一次有奖征答活动，编辑们从八万多封来信中评出了四个最佳答案：

　　1.作品刚完成，吹着口哨欣赏自己作品的艺术家；2.正在用沙子筑城堡的儿童；3.为婴儿洗澡的母亲；4.千辛万苦开刀后，终于挽救了危重病人的外科医生。

　　这种人都是"最快乐"的人。正是这些"最快乐"的答案为我们提供了充分的信息，他们从不同的角度说明了快乐人生的意义。

　　第一个答案告诉我们：工作是快乐的。艺术家完成了自己的作品，成就感使他十分快乐。其实岂止是艺术家，又岂止只有艺术家在完成作品时有成就感。任何一项工作完成时都会给人们带来乐趣，都会由心生出自豪感。艺术家罗丹说过："工作就是人生的价值、人生的快乐，也是幸福的所在。"

　　第二个答案告诉我们：成功的快乐更重要的是过程，而不是结果。儿童用沙子筑城堡的时候固然是最快乐的，我们每个人每做一件事，只要充满想象，对未来充满信心和希望，始终保持一颗童心，就始终怀有一种快乐的成就感。爱因斯坦说得好："人生最大的快乐不在于占有什么，而在于追求什么的过程。"

第三个答案告诉我们：爱心是快乐的源泉。婴儿是母爱的结晶，母亲为婴儿洗澡时的心情自然是极其美好的。当我们怀着爱心做一件事的时候，心情总是无比愉快的。

第四个答案告诉我们：给予别人快乐的同时也给了自己带来快乐。医生从死亡边缘挽救病人的生命，既为病人的得救而高兴，同时也为自己的成就而兴奋不已。

我们每个人都有可能做天使或者做魔鬼，如果只是做天使而不做魔鬼，那么我们的心情就会永远快乐。

（罗从政）

把自己变成一个精神上优秀的人

同学们好：

　　英国哲学家怀特海说，大学存在的理由就是在老年人的智慧和年轻人的热情之间建一座桥梁。今天晚上，我感谢东南大学为我筑的这座桥梁，我现在感到在桥梁的那一端，年轻人的热情向我迎面扑来，我深感幸福。

　　今天，我想通过这题目跟大家交流一下我对人生的主要体会。我的专业是哲学，但是我今天不想跟你们讲书本上的哲学，而想讲一讲在我的生活中真正起作用的哲学。因为我是一个比较想不开的人，经常有很多困惑，"生活哲学"对我起了很大作用。

　　人活一辈子最重要的是什么东西？我觉得是价值观。一个人的价值观决定了他人生的基本面貌，也可以说决定了他人生的境界，人和人最大的区别就在于价值观。你看重什么，人生中到底什么是值得珍惜的，是值得你去追求的，这一点是最重要的。要回答这个问题，首先就要问一个问题：就是人的身上什么东西是最有价值的？我想来想去，人身上最有价值的东西就两个：一个是生命，一个是精神。

人的一生中最值得追求的目标是什么？我觉得是两样东西：一个是幸福，一个是优秀。幸福主要是生命的状态，一个人活得单纯就幸福，所以应该保护你生命的单纯；优秀是精神的状态，一个人有自己的头脑、有丰富的心灵、有高贵的灵魂，精神上就优秀。

我觉得，我们这个时代有一个很大的问题，就是很多人不关心自己的生命，而关心物质的东西，大家都把金钱财富看得非常重要。当然，财富对个人和国家来说都很重要，但不能因此忽略生命本身的需要。欲望超过生命本身的需要，是痛苦的根源。其实，生命本身的需要和物质的欲望是两码事，现在我们往往把两者混淆起来。

自然、爱情、亲情是生命必需品。那么，什么才是生命本身的需要呢？这一点应该从自然界来看，生命本身是自然界的产物。在我看来，生命的需要可以分为两部分，一个是外部的自然界，一个是人身上的自然，比如爱情、亲情。人需要有一个好的自然环境，这是人最基本的需要；你本来就是自然之子，你就必须和自然有和谐的关系，这是人的根本需要。但是我们想想，我们现在有多少时间是真正跟自然交流？很少很少，大量的时间我们都是在社会上挣扎，在奋斗。

爱情、亲情是大自然给你的，虽然是很普通的东西，千百万年来都是这样，但我想这是生命骨子里的东西，是人类生活核心的东西。我觉得我这一辈子幸福感最强烈的时光有两段，一段是我17岁进北大的时候，那时候是青春期，突然发现世界上有那么多漂亮的姑娘，这世界真是太美好了！上大学正是恋爱的时节，但我想强调一点，不要人比人，不要看到别人恋爱了，你觉得自己没有女朋友或男朋友没面子，所以就去找一个，这个没意思；另外我想强调一点，恋爱是有质量区分的，应该要高质量的恋爱，恋爱应该能够促进两个人对生命的热情，能促进两个人对精神的追求。我谈恋爱是很晚的，但是很有成果，写了好多诗啊！因为你谈恋爱的时候，就是想让自己变得更好、更可爱，让她更喜欢你，所以那时候我使劲写东西。后来我有本著名的集子《人与永恒》，很多人都很喜欢，其实那根本就不是写书，是写给我女朋友看的，让她瞧我多深刻！

下面我转到第二个大问题，谈谈精神的境界。

精神是人之所以为人的根本属性。首先是智力属性。人最重要的智力素质是什么？大师们，包括大科学家、大哲学家的共识有两点：第一点是好奇心。好奇心是智力品质里面最重要的要素，可以说是人智力生活的开端、动力。爱因斯坦是怎么走上科学道路的？据说他五岁的时候，父亲给了他一个指南针，他看到这个指南针总是会自己转，而且总是转到同样的地方，他就感觉非常神奇："那时候我就感觉在事物内部藏着一个秘密等着我去把它找出来。"这就是科学探索的好奇心。

第二个重要的智力素质就是独立思考的能力。你有了好奇心，对未知的东西感到好奇，那你就要用自己的头脑去思考，把未知的东西弄清楚，不能半途而废。

其次是情感属性。人不光要发展自己的智力，还要让自己成为一个情感丰富的人，要有丰富的内心生活。如果你光是发展你的智力，那么你仅仅是一个思维的机器。我觉得，一个人看世界是受他内心丰富程度影响的。有的人内心很贫乏，他看到的世界绝对是很贫乏的，如果他只有功利的目的，那他看世界就只有一个功利的角度，他看不到世界的美，看不到世界的丰富。记得有一年我去海南三亚，那个时候三亚还没有开发呢，一片茫茫的大海，旁边就几个帐篷，我们就住在帐篷里面，感觉特别好，不像现在嘈杂得要命。一天，我站在海边出神，旁边来了三个人，一看就是做生意的那种。他们在海边看了一眼说："这里什么也没有，就一摊水。"说完就走了。当时我挺震惊的，人眼中的世界真是不一样。泰戈尔说过一句话：如果我小时候没有听过那些童话故事，没有看过《一千零一夜》和《鲁宾孙漂流记》，那我现在眼中的世界就不会这么美好。

我认为，人生的第一目标应该是优秀而不是成功。你首先要让自己成为一个优秀的人，哪怕你不成功，你的生活也是有意义的，你的内心也是充实的。而在我们这样一个开放的时代，只要你真正成为一个优秀的人，成功的机会总是有的，而且一旦成功，就是真实的成功，是有内涵的成功，而不是表面的成功。

好，两个小时了，要留点时间交流，就讲到这里。

（周国平）

青春直通大学

芮芮在地理课上唠叨着，这一阵寒流过去之后，再来一阵暖流就是夏天啦。忍不住惴惴地想，青春是否如六月般直通大学？

我的文科生迟钝的神经一下子紧张起来。夏天，那些我们怨过恨过哭过放弃过、笑过爱过痴过幸福过，只是最后依然是花自飘零水自流的回忆一下子涌上心头。你们有没有数过呢，弹指一挥间，埋头书山已经5年了。身边的朋友来了又走了，我们在时光的罅隙里哭了又笑了。

现在的你们都过得很开心吧，被梦想和奋斗充斥的日子是我回忆里一道美丽的风景。梦想是一种强大而丰饶的激情，载着我在平淡得快要发霉的日子里轻盈地飞翔。我相信温暖、美好、信任、尊严、坚强这些老掉牙的字眼。我不要自己颓废、空虚、迷茫、糟践自己、伤害别人。我不要把自己处理得一团糟。偶尔可以停下来休息，但是别蹲下来张望。走了一段路的时候，我会记得不回头看。

时不时问问自己在干吗？伤心和委屈的时候，偷偷地掉眼泪。哭完洗完脸，拍拍自己的脸，挤出一个微笑给自己看。不要揉，因为第二天早上眼睛会肿。记得常常仰望天空。记住仰望天空的时候也看看脚下，给自己一个远大的前程和目标。很长一段日子，晚自习结束后，么么和我大大的书包一起挤在自行车后座上，而我看着她的背影，觉得如果能有这样可以一起前进的人，即便高考就要来临也没什么可怕的。

我们常常聊着某某和某某在一起、班主任今天又发火了之类的话题，有时候讲到关键的地方会显得有些激动，音量情不自禁地提高，引得众人侧目。回家的路上有个高高瘦瘦帅气的男生，每次他经过我们都会不自觉地放低音量，低头偷笑。在那个时候，我望着周围表情各异的人们常常会想，等高考完，如果我和么么再次回到这里，不必背书包也不必再抱怨作业多课业繁重，街上的人们会不会还认得出我们这两个曾经在人群里显得特别的女孩子。

其实一切总会好起来的，我和你们一样坚信这一点。日子曾一度凝滞。这学期刚刚开始的时候，初始的新鲜感慢慢消失，而学习又陷入一个瓶颈期。读书、写题、念大段的英语课文，总是找不到对味的感觉。一度焦躁，也有过犹豫。这样的生活，究竟是否真的值得？但是看到《野猪大改造》里说："人活着，就会有最差的时候，但是也会有最好的时候，这就是人生。"就像语文老师说的，既然选择了这条路，就要坚持走下去。

晚自习时我在座位上俯身做数学题，心绪平稳，然后就一直做下去。草稿纸一张张废掉，我淡定又迅疾地演算，神色平静如水。

在整理书包的时候，我开心的样子仿佛儿时一样简单明快。你们知道吗，没有谁是谁的救世主，但是生命里会有安排，那些引渡你的希望与光芒，总会在漫长的时光隧道里出现。相信它们的存在，只是耐心地做应该做的事情。我们花费在耐心上的时间，从来就不是踟蹰不前，而是为成长拔节所付出的代价。于是不知从何时起，我开始眷恋植物一般的生活，沉默清新，四时有序。时日平淡，而又温情如水。

一切就是这样渐渐好起来的。我们都是如此，走过很多弯路，在一次次反复跋涉之后，最终变得平静坚强。我一直都记得，这些年，是身边美好的朋友与我一同开始了真正意义上的新生。自此我懂得，青春是一所最好的大学，我也希望自己能成为一个美好的人，拥有知识、力量、善良与希望。我喜欢那个为了这些而努力的我，如同我喜欢朋友心里超越了百日之久的这般丰盛美好的爱。

（罗婷）